LES CONSTITUANTS MINÉRAUX DES SOLUTIONS DES SOLS

PAR

FRANK K. CAMERON ET JAMES M. BELL

TRADUIT PAR

HENRI FABRE
LICENCIÉ ÈS SCIENCES
RÉPÉTITEUR DE CHIMIE AGRICOLE A L'ÉCOLE NATIONALE D'AGRICULTURE
DE MONTPELLIER

MONTPELLIER
COULET ET FILS, ÉDITEURS
Libraires de l'Ecole nationale d'Agriculture
Grand'Rue, 5

1907

COULET ET FILS, ÉDITEURS, MONTPELLIER

TRAVAUX DE LA STATION

DE RECHERCHES CHIMIQUES ET D'ANALYSES AGRICOLES

DE L'ÉCOLE NATIONALE D'AGRICULTURE DE MONTPELLIER

Prof[r] **H. LAGATU**
Directeur

L. SICARD
Chimiste-Chef

1892. H. LAGATU et L. SEMICHON. — **Examen préliminaire de quelques terres de l'arrondissement de Béziers.** 1 broch. Prix franco .... 2 fr. 50

1893-1895. H. LAGATU. — **Essais de fumure.** 3 broch. .... *Epuisé*

1897. H. LAGATU et L. ROOS. — **Recherches sur la casse des vins.** 1 brochure .... *Epuisé*

1897. H. LAGATU et L. SICARD. — **Influence considérable de l'échantillonnage pour l'appréciation d'un tourteau au Laboratoire.** *Progrès agricole*, Montpellier. Prix franco.................................... 0 fr. 30

1898. H. LAGATU. — **Les dangers du chlorure de potassium.** *Progrès agricole*, Montpellier. Prix franco.................................... 0 fr. 30

1898. H. LAGATU et L. SICARD. — **Instructions pratiques pour l'achat et l'emploi des engrais.** Tableau mural grand raisin. Montpellier. Prix franco. 0 fr. 80

1899. H. LAGATU. — **Un exemple de fumure raisonnée** (commune de Vic, Hérault). 1 broch. Prix franco.................................... 0 fr. 70

1900. H. LAGATU. — **Sur les lois des masses qui servent de base à la chimie.** *Académie des sciences et lettres de Montpellier*. 1 brochure in-8. Prix franco .... 0 fr. 50

1900. H. LAGATU. — **Le Rupestris du Lot dans le tuf de Castelnau.** *Progrès agricole*, Montpellier. Prix franco .... 0 fr. 30

1900. H. LAGATU et L. DEGRULLY. — **Transformation d'un vignoble par les fumures intensives** (commune de Lunel, Hérault). 1 broch. Franco. 0 fr. 60

1900. H. LAGATU. — **Les terres d'Hyères** (Var). *Bulletin du Syndicat des producteurs jardiniers d'Hyères*. Prix franco. .... 0 fr. 25

1901. H. LAGATU et L. SICARD. — **Guide pratique et élémentaire pour l'analyse des terres et son utilisation agricole.** 1 vol. in-8, 300 pages, 5 planches, 13 figures, cartonné. Prix franco .... 6 fr. 50

1901. H. LAGATU et L. SICARD. — **Caractères analytiques des principaux sels minéraux solubles.** 1 vol. in-8°, 144 pages. Prix franco...... 4 fr. 50

1901. H. LAGATU. — **Fumure intensive et économique de la vigne.** 1re édition .... *Epuisée*

Lire la suite à la 3e page de la couverture.

LES

CONSTITUANTS MINÉRAUX

DES

SOLUTIONS DES SOLS

PAR

FRANK K. CAMERON ET JAMES M. BELL

TRADUIT PAR

HENRI FABRE
LICENCIÉ ÈS SCIENCES
RÉPÉTITEUR DE CHIMIE AGRICOLE A L'ÉCOLE NATIONALE D'AGRICULTURE
DE MONTPELLIER

MONTPELLIER
COULET ET FILS, ÉDITEURS
Libraires de l'Ecole nationale d'Agriculture
Grand'Rue, 5

1907

LES CONSTITUANTS MINÉRAUX

DES SOLUTIONS DES SOLS [1]

INTRODUCTION

Depuis plusieurs années, le *Bureau des Sols du Ministère de l'agriculture des Etats-Unis* étudie les relations qui existent entre les propriétés chimiques d'une terre et les récoltes que celle-ci peut produire. La conclusion de cette étude est que les végétaux vont puiser au sein des solutions aqueuses qui circulent dans le sol les éléments nutritifs servant à leur développement. C'est donc à ces solutions qu'il convient d'appliquer tout d'abord notre attention.

Les résultats acquis montrent qu'en définitive toutes les terres contiennent un peu de chacun des minéraux courants, constitutifs des roches. Il s'ensuit que, s'il leur était possible d'atteindre un état d'équilibre sans qu'aucun facteur de trouble n'intervînt, toutes les terres contiendraient des liquides nutritifs de même composition. Mais diverses causes empêchent la réalisation de cet état d'équilibre dans la nature.

On constate néanmoins qu'il y a une certaine régularité dans la teneur des solutions en divers constituants minéraux nutritifs pour

(1) *Bulletin* N° *30* du Bureau des Sols du Département de l'Agriculture des Etats-Unis. Washington 1905.

les végétaux. On voit en outre que la dissolution de ces minéraux est continue, lorsqu'on appauvrit le titre des solutions soit par enlèvement des corps dissous, soit par addition d'eau. C'est par ce mécanisme qu'il y a indéfiniment des éléments nutritifs à la disposition des plantes.

Or, les minéraux contenant des éléments basiques sont généralement de véritables sels : on constate non seulement qu'ils sont dissous par l'eau, mais encore qu'ils sont décomposés par hydrolyse ; après quoi entrent en jeu divers processus de recombinaison.

C'est l'ensemble de tous ces phénomènes qu'il importe d'envisager pour comprendre la relation qui s'établit entre une terre déterminée et la solution nutritive qu'elle peut donner.

L'importance relativement très grande des surfaces solides de contact nous oblige aussi à tenir compte de considérations chimiques particulières. Nous voulons parler des phénomènes d'absorption, d'adsorption, de catalyse, et peut-être d'autres phénomènes encore. Ils ont tous un rôle, et c'est en raison de cette intervention que les solutions se comportent dans les sols tout autrement que dans un récipient ordinaire quelconque.

Les substances organiques dissoutes dans les solutions des sols présentent aussi beaucoup d'importance, mais nous ne les étudierons pas dans ce Mémoire, si ce n'est incidemment, dans le cas où elles modifient les constituants minéraux.

Plusieurs auteurs ont énoncé des résultats qui se rapportent plus ou moins aux sujets que nous venons d'énumérer. Dans le but d'établir les priorités fondamentales de certains travaux faits par notre Bureau, nous avons pensé qu'il serait bon de citer à part les faits les plus importants publiés par d'autres savants, et, à la suite, les expériences faites ultérieurement dans nos laboratoires.

La bibliographie du sujet est actuellement considérable; mais elle est confuse et contradictoire. Nous n'avons pas jugé utile de l'établir d'une façon complète; les nombreuses citations que nous avons faites suffiront pour donner une idée exacte de l'état actuel de la question et pour démontrer les points que nous avons voulu établir.

LE SOL

Le sol est un mélange hétérogène d'organismes vivants et de constituants inertes solides, liquides ou gazeux. On y trouve : *des débris minéraux* provenant de la désagrégation et de la décomposition des roches ; *de la matière organique* provenant de débris plus ou moins décomposés de plantes et d'animaux ; *une atmosphère* toujours plus riche que l'atmosphère ordinaire en gaz carbonique, en vapeur d'eau et peut-être en d'autres gaz ; *des organismes vivants*, qui sont des espèces variées de bactéries ; *des ferments* et *enzymes* ; enfin *des solutions* des constituants précédents. Ces solutions forment l'humidité de la terre et elles sont en équilibre plus ou moins parfait avec les solides et les gaz au contact desquels elles subsistent.

De tous ces divers constituants du sol, ce sont les solutions qui ont le plus d'importance pour la vie des plantes.

C'est chez elles, en effet, que les racines vont puiser toutes les substances que les végétaux utilisent pour leur développement (abstraction faite de l'eau et de l'acide carbonique absorbés par les feuilles) (1). (On sait aussi que les plantes peuvent parfois absorber des substances organiques dissoutes dans les liquides du sol, mais ce cas est exceptionnel et n'a qu'une importance secondaire pour le développement de végétaux placés dans des circonstances particulières).

Le liquide qui circule dans les sols étant la seule source d'où les plantes extraient les constituants minéraux absolument indispensables à leur vie, sa composition prend une très grande importance physiologique. On saisit l'intérêt de cette étude en vue d'élucider les relations qui doivent s'établir entre une terre et la manière dont se développent les plantes qu'elle porte. Plusieurs travaux envisageant ce sujet sous différents aspects ont déjà été accomplis par le «Bureau des Sols». Dans le bulletin N° 17, on a discuté de ces phé-

(1) Voir Pfeffer, *Physiologie des plantes*, vol. I, p. 163 et suivantes, 1900. Traduit en anglais par A.-J. Ewart (en français par J. Friedel, librairie Schleicher, Paris, 1904).

nomènes en général et de leurs relations avec le mode de formation des solutions du sol.

Nous nous proposons d'étudier maintenant plus en détail le mode d'action des eaux sur les minéraux constitutifs de la terre.

LES MINÉRAUX DANS LE SOL

Les sols résultent de la désagrégation des roches par des processus mécaniques. Ils sont, par conséquent, formés de nombreux petits fragments ou particules plus ou moins résistants (1). L'influence des agents atmosphériques qui s'exerce sur eux les décompose ou les transforme plus ou moins Il y a, en outre, dans le sol une accumulation de silice, généralement à l'état de grains de quartz, et une accumulation d'oxyde de fer hydraté. Ces corps sont souvent masqués plus ou moins par divers autres produits de décomposition des minéraux originels, mais il est digne de remarque que ces minéraux originels persistent toujours. On a fait de nombreuses recherches pour les déterminer (2) et il semble que l'on puisse conclure que l'on retrouve dans la terre arable tous les minéraux communs des roches ; mais leurs proportions relatives ont changé.

Cette conclusion se vérifie même pour l'argile à poteries ou à briques (3), et Ries l'a montré (4) dans un travail remarquable sur les argiles du Maryland.

---

(1) Voir Merrill, *Rocks, rock weathering and soils*, 1897 ; Van Hise, *U. S. Geological Survey*, Monographie N° 47. *Une étude sur le métamorphisme*, 1904 ; Shaler, *U. S. Geological Survey*, 12e rapport annuel : *Les origines et la nature des terres*, 1890-91, p. 219 et suivantes.

(2) Voir notamment : Chamberlin et Salisbury, *U. S. Geological Survey*, 6e rapport annuel : *Les terres inutilisées du Mississipi supérieur*, 1884-85, p. 244 ; F. Steinriede, *Anleitung zur Mineralogischen Bodenanalyse, Inaugural Dissertation*, Halle (1889) ; Dumont, *Comptes Rendus*, 140, 1111 (1905) ; Merrill, déjà cité, p. 329 et 338.

(3) Johnstone et Blake, *The American Journal of Science New Haven*, conn. 43, 351 (1867) ; Cook, *Rapport sur les argiles de New-Jersey*, 1878, p. 287 ; Tebier, *Comptes Rendus*, 108, 1071 (1889) ; Brackett et Williams, *The American Journal of Science*, 42, 11 (1891) ; Keyes, *Missouri Geological Survey*, vol. XI, 1896, p. 49. 95 et suivantes.

(4) *Maryland Geological Survey*, vol. IV, 1902, p. 215 et suivantes

Récemment Delage et Lagatu (1) ont fait des recherches fort intéressantes sur ce sujet, en cherchant à démontrer que l'on doit adjoindre un examen minéralogique à l'analyse chimique et mécanique ordinaire. Par l'examen pétrographique de plaques minces faites avec les particules les plus fines de terres, ces chercheurs ont démontré clairement que l'on retrouve inaltérés dans le sol tous les minéraux des roches originelles. Ils ont pu dire :

«La terre arable qui, dans tous les traités classiques, est présentée comme le résultat d'une désagrégation et d'une décomposition des minéraux essentiels des roches, nous est apparue, d'une manière constante, comme un simple produit de désagrégation. Les minéraux y sont à l'état où on les rencontre dans les roches d'origine, c'est-à-dire à un état de pureté parfaite, ou présentant, sans accentuation, les épigénies connues dans les roches. Les feldspaths sont normaux, le quartz normal ; de même les micas, la calcite, la tourmaline, l'apatite, le zircon, etc. Ils n'ont subi ni décomposition, ni corrosion localisées».

Le travail de ces auteurs est si important qu'il nous semble utile de citer encore ici quelques-uns des résultats qu'ils ont obtenus (2):

«1. *Terres du canton de Vaud (Suisse).* - Carbonate de chaux abondant sous forme de calcaire et de calcite détritiques, quartz hyalin abondant, fragments de schiste sériciteux, quartz calcédonieux, mica blanc (muscovite), mica noir (biotite), séricite, feldspaths orthose et oligoclase abondants, pyroxène augite, amphibole asbestoïde, sphène, zircon, apatite, chlorite, serpentine, produits ferrugineux (limonite et oligiste).

»2. *Terre provenant du Tarn, commune de Parizot.* — Quartz hyalin abondant en gros et petits fragments, mica noir (biotite), mica blanc (muscovite), séricite abondante, feldspaths orthose et oligoclase, zircon assez abondant, tourmaline, amphibole asbestoïde, amphibole actinote, apatite, macle (andalousite), produits ferrugineux (oligiste, limonite, fer titané), calcite en fragments trés petits peu abondants.

»3. *Terre provenant de l'Hérault, commune de Marsillargues (alluvions du Vidourle).* Carbonate de chaux très abondant sous forme

---

(1) *Annales de l'Ecole nationale d'agriculture de Montpellier*, 4, 200-220 (1905) ; *Comptes Rendus*, 139, 1044 (1904).

(2) *Comptes Rendus*, 139, 1233 (1904).

de calcaire et de calcite détritiques, quartz hyalin grenu très abondant, fragments de quartzite, fragments de schiste sériciteux, quartz calcédonieux globulaire à croix noire, feldspaths orthose et oligoclase, mica noir (biotite), mica blanc (muscovite), séricite, tourmaline, sphène, zircon, apatite, produits ferrugineux (surtout limonite).

»4. *Terre provenant de l'Aveyron, commune de Nauviale (alluvions du ruisseau de Géneau).* — Carbonate de chaux abondant sous forme de calcaire et de calcite détritiques, petits fragments de dolomie, quartz grenu abondant, fragments de quartzite, quartz calcédonieux, fragments de schiste sériciteux, fragments de granulite, séricite abondante, mica noir (biotite), mica blanc (muscovite) en petites paillettes ; feldspaths orthose, oligoclase et microcline, apatite, sphène, tourmaline, amphibole asbestoïde, produits ferrugineux abondants (oligiste et limonite)».

Cayeux (1) s'est élevé contre les affirmations de Delage et Lagatu, se basant sur le fait que ces auteurs n'admettent pas la présence dans le sol des résultats de métamorphisme et d'épigénie. Delage et Lagatu ont répondu qu'ils conviennent de la présence de ces phénomènes et qu'ils les avaient d'ailleurs remarqués eux mêmes. Mais ils ont affirmé à nouveau que l'on retrouve dans les terres provenant de roches connues les mêmes minéraux constitutifs, sans modifications.— Cayeux, à son tour, admet bien dans le sol la présence de tous les minéraux essentiels des roches, et il ajoute que l'on trouve souvent en particulier la glauconie, élément qui constitue une source importante de la potasse des terres; mais il insiste à nouveau sur le fait que tous les minéraux sont à un état plus ou moins décomposé.

Avec la collaboration du Dr Jay A. Bonsteel, du Bureau des Sols, nous avons étudié des limons et des sables provenant des séparations mécaniques d'un grand nombre de sols des Etats-Unis. Ces échantillons contenaient les principaux types de terres déjà analysés par le Bureau.

On a trouvé qu'il était possible d'identifier pratiquement dans chaque terre les minéraux communs qui constituent les roches.

---

(1) *Comptes Rendus*, 140, 1270 (1905).
Ibid., 140, 1555 (1905).
Revue de Viticulture (avril, mai et septembre, 1905).

On a pu établir en outre, comme règle générale, que la proportion de quartz et de silice diminue à mesure que les particules deviennent plus fines. Il s'ensuit dès lors que l'on doit trouver une plus grande proportion centésimale des autres constituants.

On a pu conclure aussi que, comme l'affirment Delage et Lagatu, quelques-unes au moins des espèces minérales possèdent des facettes nettes et inaltérées. Néanmoins, souvent, en particulier avec les feldspaths, on a pu voir des produits d'altération à la surface des fragments minéraux (1).

Il est bon de rappeler, à ce sujet, que, d'après ce mode de formation, les débris minéraux constituant un sol donné sont souvent, sinon toujours, le résultat d'un mélange très complexe, les débris d'une classe ou d'une série de roches étant dispersés parmi les débris d'autres roches. Le processus de ce mélange a été si bien décrit par Smith et Calley (2) dans une publication récente que nous ne pouvons que citer leur propre travail.

Ils s'expriment ainsi :

«Puisque les sols proviennent de la désagrégation et du morcellement de roches plus anciennes, il semble qu'une carte géologique pourrait, jusqu'à un certain point, être utilisée comme carte agronomique. Mais il faut remarquer que les produits de décomposition des roches originelles ne restent pas sur place. Après avoir été séparés de ces roches, et avoir été à nouveau mélangés d'une façon quelconque, ils se sont redéposés en d'autres endroits de nature parfois différente. Il a même pu arriver que plusieurs des roches constituant les nouveaux sols provenaient elles-mêmes de sols déjà formés par des débris de roches encore plus anciennes. Ces débris avaient été dépo-

(1) Le point essentiel établi par les recherches de Delage et Lagatu n'est pas seulement relatif à la présence simultanée et facile à vérifier des fragments minéraux purs et épigénisés dans la terre arable, on peut s'en convaincre par la citation précédente (p. 186) : il réside surtout dans ce fait que l'examen pétrographique de plusieurs centaines de terres n'a pu fournir aucune constatation appuyant l'hypothèse classique d'une activité épigénique au sein de la terre arable. A part leur fragmentation, les minéraux n'ont pas été reconnus à un état différent dans les roches originelles et dans la terre : que cet état soit la pureté parfaite, l'épigénie partielle ou l'épigénie totale. (*Note du traducteur*).

(2) *Geological Survey of Alabama. Les ressources minérales de l'Alabama*, par Eugène A. Smith et Henry Mc. Calley, 1904, p. 74. Voir aussi Merrill, *Rocks, rock weathering and soils.*

sés par les eaux, s'étaient agglomérés, puis, après enlèvement, avaient été à leur tour désagrégés et transformés en terres.

»On aperçoit ainsi quelques-unes des difficultés qu'il convient de résoudre pour connaître l'origine d'une terre donnée.

»Une difficulté supplémentaire vient encore du fait que les terres d'origines différentes ont souvent une composition minérale analogue. En effet, toutes sont les résidus non dissous laissés par des débris de roches plus anciennes, soumis à l'action des agents atmosphériques. Ces résidus non dissous de roches mères de nature quelconque sont des mélanges, en proportions variables, de sable et d'argile avec, en plus, de petites quantités de sels solubles ayant la même origine, et qui n'ont pas été complètement enlevés par lessivage.

»On voit par là que les terres d'origine quelconque ne se différencieront surtout que par la proportion relative des constituants sableux, siliceux et argileux».

On peut donc dire que, d'une façon générale, tous les sols contiennent tous les minéraux communs des roches. Cette généralisation a été déjà faite dans une publication ancienne du Laboratoire (1). Ces minéraux sont tous solubles dans l'eau, mais cette solubilité est parfois très lente et les quantités dissoutes à un moment donné sont très faibles, si on les compare aux titres usuels des solutions de laboratoire.

LA SOLUBILITÉ DES MINÉRAUX

On sait depuis longtemps que les minéraux constitutifs des roches, en particulier les silicates, les alumino et les ferro-silicates, ainsi que les substances analogues : verres, porcelaines, etc., ont une solubilité certaine et même mesurable.

Les eaux de source, de puits, de rivières, etc., emportent presque toujours des quantités considérables de substances minérales dissoutes. Ellms et Beneker (2) ont montré que l'eau du Mississipi, en temps de crue, possède une réaction alcaline décelable à la phénolphtaléine. On observe souvent le même phénomène avec l'eau du Potomac qui alimente le robinet de notre Laboratoire. D'ailleurs,

---

(1) *Bulletin* N° 22. Bureau des sols. Ministère de l'agriculture des Etats-Unis, p. 12 (1903).

(2) *The Journal of the American Chemical Society*, 23, 429 (1901).

l'eau du Potomac présente, même lorsque la rivière possède sa plus grande limpidité, une réaction alcaline après qu'on l'a fait chauffer dans un récipient de platine.

Il est utile de rappeler ici les recherches qui ont été exécutées pour étudier ces phénomènes ; mais la nomenclature que nous allons en faire sera forcément incomplète (1).

Wohler (2), dans une expérience classique, a montré que l'apophyllite est assez soluble dans l'eau pour s'y recristalliser.

W.-B. et R.-E. Rogers (3) ont pu montrer que les substances énumérées ci-après, lorsqu'elles sont pulvérisées, ont une solubilité dans l'eau suffisante pour qu'on puisse les y reconnaître et parfois même les doser.

Feldspath sodique	Trémolite	Stéatite
— potassique	Asbeste	Chlorite
— lithineux	Olivine	Serpentine
— vitreux	Calcédoine	Obsidienne
Labradorite	Epidote	Lave
Mica	Analcime	Diabase
Leucite	Mésotype	Gneiss
Tourmaline	Scolézite	Hornblende
Augite	Axinite	Verres divers
Coccolite	Prehnite	Porcelaine
Hypersthène	Talc	Faïence
Hornblende		

Ces auteurs ont pu obtenir, avec plusieurs des minéraux précédents, des solutions titrant de 0,4 à 1 p. 100, après digestion de 48 heures. La plupart de ces minéraux, après pulvérisation au mortier d'agate et lessivage par l'eau pure, donnent des solutions à réaction alcaline au tournesol. Ces auteurs ont également remarqué que les minéraux magnésiens, ou ceux dans lesquels le magnésium est remplacé en partie par du fer ferreux, sont les plus attaquables. Cette observation a été confirmée par des recherches faites dans notre Laboratoire.

---

(1) Pour une bibliographie plus ancienne, le lecteur est renvoyé à la *Géologie chimique et physique de Bischof*, vol. I, p. 52 et suivantes (1854).

(2) *Jahresbericht*, Liebig et Kopp, 1847-48, p. 1262.

(3) *The American Journal of Science and Arts* (2), 5, 401 (1848).

Dölter (1) a étudié l'action de l'eau sur les pyrites, la galène, la blende, la stibine, les pyrites arsenicales et cuivriques, la cassitérite (tinstone), le rutile, l'hématite, l'heulandite, l'anorthite, la natrolite et la chabasie. Il a trouvé que tous ces minéraux étaient plus ou moins solubles dans l'eau. Il a constaté que les pyrites donnent, par chauffage à 80° en tube scellé, une solution à réaction acide. Les autres sulfures et les oxydes donnent une réaction alcaline, mais cette alcalinité peut avoir eu pour cause la solubilité du verre des tubes.

Les études de Johnstone relatives à l'action de l'eau sur l'olivine (2), les micas (3) et divers minéraux (4); celles de Skey (5) sur la recherche de l'alcalinité des minéraux et des sels, décelée par des papiers à réactifs; de Dietrich (6) et de Beyer (7), sur l'influence de l'eau et des solutions de sels sur les roches et les sols; d'Ebelmen (8), sur la décomposition des roches; les recherches fort remarquables de Sestini (9), relatives à l'action de l'eau sur les silicates naturels qu'on trouve en grandes masses dans le sol; les travaux de Gonnard (10), sur la production de zéolites par le froid; de Daubrée (11), de Pemberton (12), d'Haushofer (13), de Cossa, de Muller (14), de Stoklasa (15), de Lemberg (16), de Clar (17), et de bien d'autres, montrent qu'on sait depuis longtemps que les minéraux constitutifs des roches donnent avec l'eau des solutions dosables.

---

(1) *Monatshefte für Chemie und Verwandte Theile Anderer Wissenschaften.* Vienne, 11, 151 (1890).

(2) *Proceedings of the Royal Society of Edimburg*, 15, 438. (1887-88); et 16, 172 (1888-89).

(3) *Quarterly Journal of the Geological Society.* Londres, 45, 363 (1889).

(4) *Jahrbuch für Min.*, 1895, II, Rep. 242.

(5) *The Chemical News.* Londres, 27, 221 (1873).

(6) *Die Landwirtschaftlichen Versuchs-Stationen.* Berlin, 14, 314 (1871).

(7) *Jahresbericht der Agriculturchemie.* Berlin, Hoffman, 1862-63, p. 12.

(8) *Annales des Mines*, (4), 7, 3 (1845) ; et (4), 12, 627 (1847).

(9) *Atti della Societa Toscana.* Pise, 12, 127 (1900).

(10) *Jahrbuch für Min.*; 1884, I, Ref. 28.

(11) *Comptes Rendus*, 44, 997 (1857); *Géologie expérimentale*, 1879, p. 268.

(12) *Chemical News.* Londres, 47, 5 (1883).

(13) *Journal für Praktische Chemie.* Leipzig, 103, 121 (1868).

(14) *Tschermak's Min. Mitth.*, 1887, p. 25.

(15) *Landwirthschaftlichen Versuchs-Stationen*, 27, 197 (1882)

(16) *Zeit. deutsch. geol. ges.*, 35, 575 (1883).

(17) *Jahrb. für Min.*, 1884, p. 229.

Dernièrement, Clarke (1) a trouvé que la muscovite, la lépidolite, la phlogopite, l'orthose, l'oligoclase, l'albite, la leucite, la néphéline, la cancrinite, la sodalite, le spodumène, l'analcime, la natrolite, la pectolite et l'apophyllite sont tous solubles dans l'eau, et que ces solutions sont alcalines à la phtaléine. Les micas magnésiens sont plus solubles que la muscovite ; l'albite l'est plus que l'orthose, et la solubilité de l'oligoclase est intermédiaire. Cette observation concorde avec les expériences de Lemberg (2) et avec celles des géologues (3).

On a traité aussi par l'eau plusieurs poudres de roches. Seuls un granite et un gabbro à amphibole n'ont pas montré de réaction alcaline à la phtaléine. On obtint néanmoins cette réaction avec de la rhyolite, du trachyte, de la leucite, du basalte, du basalte feldspathique, de la diorite, du granite, du gneiss, de la phonolite, de la diabase et de la camptonite.

On a remarqué que la couleur produite par l'addition de phénolphtaléine à ces solutions n'était pas persistante. — Clarke pensa que ce fait devait provenir de l'action de la lumière. Pourtant, avec certains minéraux, cette séparation était particulièrement rapide, et on pouvait voir la couleur se réunir à la surface des particules minérales qui tombaient au fond du vase. — Van Hise (4) vit là une possibilité d'établir deux classes de minéraux; mais dans notre Laboratoire, on a montré qu'en réalité la matière colorante va se fixer à la surface des particules très ténues du minéral en suspension, et qu'elle se dépose en même temps que lui.

Steiger (5) a continué les recherches de Clarke, en mesurant quantitativement les parties dissoutes de divers minéraux.

Enfin Cushman (6) a étudié cette même influence de l'eau sur plusieurs roches dont voici l'énumération :

---

(1) *Journal of the American Chemical Society.* Easton, 20, 739 (1898) ; Bullet. N° 167, *U. S. Geological Survey,* p. 156 (1900).

(2) *Zeit. deutsch. geol. ges.*, 35, 575 (1883).

(3) Merril, *Rocks, Rock Weathering and Soils*, p. 234 et suiv.

(4) *Traité sur le métamorphisme. U. S. Geological Survey*, Monographie XLVII, p. 86 (1904).

(5) Bullet. N° 167. *U. S. Geological Survey*, p. 159 (1900).

(6) Bullet. N° 92. *Bureau of Chemistry, U. S. Department of Agricultu* (1902).

Quartzite	Arkose gneissique
Chert	Diabase altérée
Dolomie	Slate (1)
Granite	Eclogite
Gneiss	Quartzite
Diabase	Grès feldspathique
Basalte feldspathique	Calcaire dolomitique
Epidosite	Gneiss granitoïde
Péridotite altérée	Syénite
Grès	Basalte
Calcaire	Argillite
Granite à hornblende	Arkose

Les poudres de toutes ces roches ont donné des solutions à réaction alcaline à la phtaléine, à part les chert, les quartzites, et quelques échantillons de grès, de granite et de syénite. (D'autres échantillons de ces mêmes roches ont donné, par contre, des solutions alcalines).

Nous venons de citer un nombre suffisant de faits pour démontrer que les roches et leurs minéraux constitutifs sont solubles dans l'eau. Nous avons, en outre, constaté que, lorsqu'il s'agit de roches contenant des alcalis, ou de terres alcalines combinées à de la silice ou à des acides alumino et ferro-siliciques, on constate en outre que la solution obtenue est alcaline.

Les liquides que l'on peut extraire des sols contiennent des matières minérales en quantités dosables. Bien que les bases y prédominent sur les acides, la réaction au tournesol est neutre, ou légèrement acide. Ce n'est qu'après ébullition en récipient de platine (ce qui élimine l'acide carbonique et peut-être aussi d'autres acides volatils) que l'on voit apparaître une réaction alcaline décelable à l'éosine, à la phtaléine ou au tournesol. Nous avons préparé des extraits aqueux d'un grand nombre de terres, apres quoi nous les avons filtrés à travers une bougie de filtre Pasteur-Chamberland (2) pour enlever toute matière pouvant demeurer en suspension.

---

(1) Cette désignation, qu'on ne trouve généralement pas dans les ouvrages français, est donnée comme synonyme de *Argillite fissile* par Merrill (Tractise on Rocks, etc.), p. 6 (*Note du traducteur*).

(2) Voir Briggs, Bullet. N° 19. Bureau des sols. *U. S. Department of Agriculture*, 1902.

Nous avons obtenu une réaction alcaline avec les terres suivantes prises au hasard dans la collection du Bureau:

Argile de Cécil, N.C.	Sable de Norfolk, Md.
Limon à sable fin du Podunk, Conn.	Glaise d'Elkton, N. J.
Argile de Sharkey, La.	— de Leonardtown, Md.
Glaise de Penn., Md.	Terre à brique noire, Cal.
Lehm, Ill.	Glaise de Clarksville, Ten.
Calcaire, Md.	— noire de Porter, N.C.
Glaise d'Hagerstown, Md.	Sable de coteau, S.C.
Argile —	Glaise sableuse de Miami, Ill.
Marne de Plains, Mebr.	— de Susquehanna, Md.
Gabbro, Md.	— sableuse de Marion, Ill.

Les échantillons des terres ci-après ne donnèrent pas de solutions alcalines après ébullition :

Argile de Susquehanna	Glaise de Leonardtown (s.-sol)
— de Brightwood	Sol stérile de Conowingo
Glaise sableuse de Cécil	Sol sableux de Portsmouth
— limoneuse de Marion (s.-sol)	Glaise de Cécil (sous-sol)
— limoneuse de Memphis	

On voit ainsi que les minéraux se comportent à l'égard de l'eau, dans le sol, de la même façon que lorsqu'ils sont seuls ou qu'ils font partie d'une roche pulvérisée. L'apparition de l'alcalinité des solutions montre que les bases dissoutes y sont en excès sur les acides. Cette conclusion est fort importante : nous la rappellerons plus loin.

L'HYDROLYSE DES MINÉRAUX

La plupart des terres ou des minéraux formant les roches sont constitués soit par des métaux fortement basiques alliés à de la silice et de l'alumine, soit par de la silice et du fer ferrique, soit encore par de la silice, de l'alumine, du fer ferrique, avec une quantité supplémentaire d'oxygène. On peut envisager leur constitution de plusieurs manières, chacune étant parfaitement légitime et présentant certains avantages (1).

On peut d'abord les considérer comme des combinaisons d'oxydes. La constitution de l'orthose par exemple est alors représentée par la formule K^2O, Al^2O^3, 6 SiO^2. Cela n'implique pas l'abandon de l'ancienne hypothèse dualiste de Berzélius, qui encore aujourd'hui conserve la faveur des minéralogistes. — Cette manière de voir est particulièrement utile pour l'étude des roches en fusion et des magmas. Elle a été adoptée dans les travaux récents de Baur (2), Richardson (3), Day et Allen (4).

On peut considérer encore les minéraux comme des «combinaisons moléculaires» de deux ou plusieurs silicates, de même que l'on admet la possibilité d'une constitution analogue pour l'alun. Bien que, à l'état solide, ce dernier corps soit une espèce moléculaire définie, nos connaissances actuelles nous autorisent à penser qu'à l'état dissous il se comporte comme un mélange de sulfate de potasse et de sulfate d'alumine. Cette considération nous permet de prévoir que l'orthose doit se dissoudre en formant du métasilicate de potasse et du silicate d'alumine. — L'objection la plus sérieuse que l'on puisse faire à cette hypothèse, c'est qu'il n'y a pas de formule qui puisse représenter l'orthose, si l'on n'admet pas la présence de deux acides différents. Mais on peut admettre que les minéraux sont des sels doubles d'un acide complexe où les atomes de silicium seraient unis par les atomes d'oxygène. L'orthose s'écrirait alors $(KO)Si^3O^4(O^3Al)$, car il serait le sel de l'acide $H^4Si^3O^8$. Le principal argument en faveur de cette considération, c'est qu'elle permettrait d'écrire des formules rationnelles basées sur la tétravalence du silicium.

On peut, d'autre façon, envisager l'alumine ou le fer ferrique comme les constituants essentiels d'un radical acide. L'orthose s'écrirait $KAlSi^3O^8$ et serait le sel de potassium de l'acide hypothé-

---

(1) Le lecteur est renvoyé en particulier au travail de F. W. Clarke, *La constitution des silicates*. Bullet. N° 125. *U. S. Geological Survey*, 1895, et J.-H. L. Vogt, I, *Uber die Mineralbildung in Silikat-Schmelzlosungen* (1903), et II, *Uber die Schmelzpunkt-Erniedrigung der Silikatschmelzlosungen*. Christiania (1904).

(2) *Zeit. phys. chem.*, 42, 567 (1903).

(3) *La constitution du ciment de Portland*, communication à l'Association des manufacturiers de ciment Portland, à Alantic City (1904).

(4) *American Journal of Science*, 19, 93 (1905).

tique $HAlSi^3O^8$. — C'est une hypothèse avantageuse dans l'étude des phénomènes de solubilité. L'aluminium et le fer ferrique, bases faibles, agiraient comme des acides en présence de bases fortes. Ces deux métaux ont d'ailleurs beaucoup d'analogues connus aujourd'hui. Ostwald et Hittorf (1) ont montré par exemple que le chlorure double bien connu de potassium et de platine se comporte en solutions comme le sel de potassium de l'acide chloroplatinique H^2PtCl^6.

Cette dernière hypothèse sur la constitution des silicates minéraux fait comprendre plus aisément comment une simple hydrolyse détermine la formation d'une solution alcaline.

Elle a, de plus, l'avantage de simplifier la conception, des rapports ,que l'on croyait si complexes, existant entre les produits de métamorphisme, dans la zone soumise aux agents atmosphériques (2).

On a remarqué que, dans le sol et en particulier dans la zone soumise aux agents atmosphériques, les silicates complexes tendent à se décomposer : la silice s'y sépare à l'état de quartz ou sous une autre forme (3).

On pense généralement que cette décomposition est effectuée surtout par l'acide carbonique dissous. Celui-ci se trouve toujours dans l'eau et dans les interstices des roches. Cette explication demeure néanmoins très douteuse, car l'acide carbonique, s'il existe, ne peut abonder. En outre, s'il est exact que l'acide carbonique soit plus fort que l'acide silicique, ce même acide est, d'autre part, beaucoup plus soluble et il est volatil. Il est infiniment plus probable que la silice se sépare des acides siliciques formés par l'hydrolyse des sels correspondants Ces acides sont, en effet, instables dans les conditions où se trouve la solution au sein de laquelle ils se sont formés. Ce cas serait analogue à celui de l'acide hypochloreux et de beaucoup d'autres acides, lorsqu'on leur enlève la base à laquelle ils sont combinés. L'acide carbonique agit sans doute indirectement,

(1) Ostwald, *Fondements de la Chimie analytique*, 1895. p. 50.

(2) Voir Van Hise, déjà cité, p. 43 et 163.

(3) La séparation de la silice pendant la décomposition des silicates a été d'abord découverte par Fournet (*Annales de Chimie et de Physique*, 55, 225 (1883). Brongniart (*Archives du Muséum*. vol. I 1839), et d'autres. Ebelmen (*Annales des Mines* 4), 7, 3 (1845) semble avoir été le premier à montrer que cette séparation était une propriété générale des silicates minéraux, qu'ils contiennent ou non des constituants basiques.

formant des bicarbonates. La proportion de base active, libérée par hydrolyse, se trouve ainsi diminuée.

Les minéraux constitutifs des roches et des terres sont surtout des sels d'une ou de plusieurs bases fortes : sodium, potassium, calcium, magnésium, fer ferreux, manganèse, etc , combinées avec un acide faible : silicique, aluminique, alumino-silicique, ferro-silicique, etc. Non seulement l'eau peut dissoudre ces sels, mais encore elle réagit sur eux. C'est le phénomène de l'*hydrolyse*, qui se trouve mis en évidence par la réaction alcaline des solutions des roches traitées par de l'eau débarrassée d'acide carbonique.

Ce processus de l'hydrolyse nous est familier dans le cas du carbonate de soude, qui donne du bicarbonate (1) et de l'hydrate de soude :

$$Na^2CO^3 + HOH \rightleftharpoons NaHCO^3 + NaOH$$

La solution résultante a une réaction alcaline à cause de cette formation d'hydrate de soude.

Le carbonate de chaux est partiellement décomposé de la même manière, et il donne de l'hydrate de calcium :

$$CaCO^3 + H^2O \rightleftharpoons Ca(OH)^2 + CO^2 + H^2O$$

L'hydrolyse des carbonates de chaux et de magnésie a été étudiée par Bodländer (2), qui en a dressé des tableaux figuratifs.

Les verres de Bohême, dont sont faits beaucoup de nos appareils de laboratoire, sont des silicates sodiques ou calciques. Leur solubilité dans l'eau exempte d'acide carbonique est telle que la présence de l'alcali, dissous dans l'eau avec laquelle ils sont restés en contact pendant quelques heures, peut être mise en évidence par addition de phtaléine ou par diminution de la résistance électrique (3). Si on chauffe de l'eau jusqu'à l'ébullition, il suffit de quelques minutes pour que l'alcalinité apparaisse ; même nos verres les plus durs subissent très sensiblement l'hydrolyse à cette tempé-

---

(1) Cameron et Briggs, Bulletin N° 18. Bureau des sols. *U. S. Department of Agriculture* (1901), p. 9 ; *Journal of Physical Chemistry*, 5, 537 (1901) ; Mc. Coy. *American Chemical Journal*, 29, 437 (1903).

(2) *Zeit. Phys. Chem.*, 35, 31 (1900).

(3) Whitney et Means, Bulletin N° 8. *Divisions des sols. U. S. Department of Agriculture*, 1897, p. 15.

rature (1). Ce fait de la solubilité du verre est une incontestable source d'erreurs en analyse.

Nous devons remarquer en passant que le fait de l'augmentation de l'hydrolyse par une élévation même modérée de température joue un rôle très important en géologie et dans la chimie des sols.

La dissolution et l'hydrolyse de l'orthose sont mises en évidence par l'apparition de l'alcalinité de l'eau dans laquelle baigne ce minéral. Pour plus de clarté, on peut écrire la formule idéale :

$$KAlSi^3O^8 + HOH = KOH + HAlSi^3O^8$$

L'hydrate de potasse ainsi formé peut s'unir à l'acide carbonique pour constituer des carbonates et des bicarbonates, ou à d'autres acides pour former des sels plus solubles que l'orthose ou l'acide hydrolysé. Il peut ainsi disparaître entièrement.

Mais dans les conditions ordinaires, l'acide hydrolysé $HAlSi^3O^8$ semble être instable. La silice s'en sépare en proportions variables sous forme de quartz ou sous une autre forme, et il reste :

$$HAlSi^3O^8 - 1\,SiO^2 = HAlSi^2O^6 \quad \text{Pyrophyllite}$$
$$HAlSi^3O^8 - 2\,SiO^2 = HAlSiO^4 \quad \text{Kaolinite ou kaolin}$$
$$HAlSi^3O^8 - 3\,SiO^2 = HAlO^2 \quad \text{Diaspore}$$

Ces trois modes de décomposition, ou «métamorphisme» (2), ont été observés dans la nature, mais le second est celui qui se rencontre le plus souvent. C'est probablement le seul qui soit important dans les terres arables.

---

(1) Gmelin-Kraut, *Anorganische Chemie*, vol. 2, 1904 ; Emmerling, *Ann. Chem. Phar.*, 150, 257 (1869) ; *Bericht*, 9, 1540 (1876) ; Kreuzler et Henzold, *Bericht*, 17, 34 (1884) ; Cowper, *Journal of the Chemical Society*, 41, 254, (1882) ; Bohlig, *Zeit. anal. Chem*, 23, 518 (1884) ; Wartha, *Zeit. anal. chem.*, 24, 220, (1885) ; Egger, *Dingler's Polytechnisches Journal-Stuttgart*, 225, 127 (1885) ; Pfeiffer, *Annalen der Physik*. Leipzic, 44, 239 (1891) ; *Wied. Ann.*, 31, 831 (1887) ; Schott, *Zeit. Instr.*, 9, 86 (1889) ; Barus, *American Journal of Science* (3), 41, 110 (1891) ; Mylius et Fœrster, *Bericht* 22, 1092 (1889) ; 25, 97 (1892) ; *Zeit. Instr.* 9, 117 (1889) ; 11, 311 (1891) ; Mylius, *Zeit. Instr.*, 8, 266 (1888) ; 9, 56 (1889) ; Fœrster, *Bericht*, 25, 2494 (1892) ; 26, 2915 (1893) ; Warburg et Ihmon, *Wied. Ann.*, 27, 491 (1886) ; Kohlrausch, *Wied. Ann.*, 44, 577 (1891) ; *Bericht*, 24, 3560 (1891) ; 26, 2998 (1893) ; Liebermann, *Bericht*, 31, 1818 (1898) ; Walker, *Journal of the American Chemical Society*, 27, 865 (1905).

(2) En France, dans ce cas, on dit de préférence «épigénie». (*Note du traducteur*).

Cette manière d'envisager la «kaolinisation» ou métamorphisme (épigénie) des feldspaths a divers avantages : c'est un phénomène très général sans doute. Il ne fait, en outre, jouer aucun rôle particulier à l'acide carbonique. Ce rôle serait d'ailleurs peu probable aux températures et aux pressions ordinaires.

Cette hypothèse concorde en outre avec tout ce que l'on sait sur le métamorphisme (épigénie): elle est un simple rapprochement avec les phénomènes analogues bien étudiés et connus dans les laboratoires ; elle ne nécessite aucune hypothèse supplémentaire (notamment la dissociation électrolytique) ; enfin, elle s'appuie seulement sur des faits constatés, à savoir que les feldspaths donnent avec l'eau une réaction alcaline, et que le quartz ainsi que les autres formes de la silice se forment avec une ou plusieurs des substances citées.

Kahlenberg et Lincoln (1) ont montré qu'il est probable que l'hydrolyse doit être complète dans les solutions très diluées des silicates, et que la silice doit s'y trouver à l'état colloïdal et ne pas jouer le rôle d'acide silicique. Il se forme néanmoins des silicates, si on élève la concentration, et dans la nature on peut aisément observer que les alumino et les ferro-silicates sont toujours unis à des bases pour former des sels, en particulier des micas (2).

C'est ainsi que dans la décomposition de l'orthose, par exemple, un peu de l'hydrate de potasse formé doit sans doute réagir avec le kaolin pour former de la muscovite, d'après l'équation :

$$HAlSiO^4 + KOH \rightleftarrows KAlSiO^4, 2HAlSiO^4 + HOH$$

On ne sait si l'on doit considérer la muscovite comme un composé défini, ayant la formule indiquée, ou comme un mélange isomorphe d'un acide et de son sel. Cette dernière hypothèse peut se justifier par le fait de la variation de composition des micas et par le fait que la muscovite et la kaolinite sont toutes deux monocliniques. Les micas seraient ainsi des mélanges isomorphes de sels de kaolinite avec l'acide (kaolinite) lui-même.

De la même manière, quand l'albite se transforme en pyrophyllite, ce dernier minéral pourrait réagir avec une partie de la soude libérée, pour former de l'analcime.

$$HAlSi^2O^6 + NaOH \rightleftarrows NaAlSi^2O^6, H^2O$$

---

(1) *Journal of physical Chemistry*, 2, 88 (1898).

(2) Van Hise, déjà cité, p. 693.

Si la concentration de l'alcali varie, les feldspaths doivent subir une autre transformation : l'albite devenant heulandite donne des zéolites.

$$NaAlSi^3O^8 + Ca(OH)^2 + H^2O = Ca(AlSi^3O^8)^2nH^2O + NaOH$$

Parfois pourtant la formation d'une zéolite à partir d'un feldspath semble être uniquement due à l'absorption d'eau. Il en résulte des *solutions solides*, avec ou sans modifications du système cristallin, mais toujours avec variation des propriétés physiques, en particulier morphologiques et optiques.

Dans la formule ci-dessus, on considère la quantité d'eau qui intervient comme indéfinie, bien que Tammann (1) ait montré que, de même qu'avec les zéolites, on a en réalité une solution solide d'eau dans le minéral. On peut d'ailleurs se demander s'il n'y a pas lieu de restreindre l'emploi du terme de «zéolite», actuellement imprécis, aux seules solutions solides d'eau dans les silicates d'alumine.

Ces considérations trouvent un nouvel appui dans les observations de Friedel (2) qui a trouvé que l'eau des zéolites peut être remplacée par de l'ammoniaque et par d'autres gaz.

Rinne (3) a trouvé de même que la chabasie déshydratée peut absorber du sulfure de carbone, de l'acide carbonique, de l'alcool, du chloroforme, du benzène, ou de l'aniline, pour remplacer l'eau enlevée

Van Hise (4) a établi que, tandis que l'altération des feldspaths et des autres minéraux à zéolites ne se produit sensiblement que dans la zone soumise aux agents atmosphériques (et par suite, probablement, dans la terre arable), il y a tendance inverse des zéolites à donner des feldspaths et même des produits de décomposition plus avancés.

Merrill (5) a fait remarquer que l'on accordait ainsi sans démonstration (6) une importance considérable au rôle des zéolites. Nous n'étudierons pas davantage cette question.

---

(1) *Wied. Ann.*, 63, 16 (1897) ; *Zeit. Anorg. Chem.*, 15, 318 (1897); voir aussi les observations de Prat et Foote, *American Journal of Science* (4), 3, 443 (1897) ; *Zeit. Kryst. Min.* 28, 581 1893).

(2) *Bulletin Soc. Min.*, 19, 94 (1896).

(3) *Jahrbuch für Min.*, 2, 28 (1897).

(4) *Loc. cit.*, p. 333.

(5) *Rocks, Rock Weathering and Soil*, p. 370 et 374.

(6) Voir Bulletin N° 17. Bureau des sols. *U. S. Department of Agriculture.*

L'hydrolyse des minéraux magnésiens est particulièrement intéressante à cause de la tendance qu'ils manifestent, comme tous les sels de magnésie hydrolysables (1), à donner de véritables sels basiques. C'est ainsi que, dans l'altération du pyroxène, de l'amphibole et de l'olivine, pour donner de la chlorite et de la serpentine, il paraît se former un sel basique, ou peut-être une solution solide d'hydrate et de silicate. Cette réaction peut s'écrire:

$$MgSiO^3 + HOH = MgSiO^3,nMg(OH)^2 + SiO^2$$

ce qui est conforme à l'hypothèse de Bodländer (2) en ce qui concerne l'action de l'eau sur le carbonate de magnésie :

$$MgCO^3 + HOH = Mg\,CO^3,nMg(OH)^2 + CO^2$$

On pourrait objecter à cette hypothèse l'expérience de Daubrée (3), qui a obtenu de l'enstatite et de l'olivine par fusion de serpentine. Son expérience semble être en contradiction avec les faits que nous avons mentionnés. Néanmoins, comme on peut citer beaucoup d'autres cas où l'on peut démontrer que les altérations des roches sont bien amenées par l'influence des eaux, et comme aussi les exemples déjà mentionnés sont suffisamment nombreux, nous maintiendrons notre manière de voir. Nous étudierons plus tard la généralité de ces réactions et nous chercherons à les contrôler.

La nature des minéraux ou espèces moléculaires distinctes pouvant subsister dans les solutions données par un minéral, une roche en poudre ou un sol, dépend de la concentration, de la température, de la pression et enfin de la présence d'autres corps dissous.

Si on considère la pression comme constante dans le sol, on peut déterminer les espèces minérales dissoutes en étudiant seulement la concentration des éléments basiques aux diverses températures. En principe, ce système est l'analogue de beaucoup d'autres que l'on connaît : par exemple le système sulfate de chaux et sulfate de potasse (4). A 25° C., le gypse ($CaSO^4$, 2 H^2O) seul est

---

(1) Bodländer, *Zeit. phys. chem.*, 35, 31 (1900); Cameron et Seidell, *Journal of Physical Chemistry*, 7, 578 (1903).

(2) *Zeit. phys. chem.*, 35, 31 (1900).

(3) *Comptes Rendus*, 62, 661 (1866).

(4) Van't Hoff et Wilson, *Sitzungsberichte, Akademie Wissenchaft.* Berlin, 1900, p. 1142; Cameron et Breazeale, *Journal of Physical Chemistry*, 8, 335 (1904).

stable et solide au contact de solutions contenant moins de 14 gr. 5 de potassium par litre. Le sulfate double, la syngénite $[K^2Ca(SO^4)^2 H^2O]$ peut, lui, demeurer en équilibre avec des solutions contenant plus de 14,5 de potassium par litre, mais moins que la concentration à laquelle le sulfate de potasse se sépare à l'état de phase solide.

L'application de la règle des phases à l'étude de semblables solutions est souvent très malaisée, à cause de la présence des facteurs de perturbation et à cause de la multiplicité des composants. En particulier, avec les solutions pures, les concentrations étant très faibles et leur enrichissement très lent, il devient impossible d'étudier les conditions de l'équilibre. Cette règle n'en demeure pas moins très utile par les suggestions qu'elle provoque. Elle indique en particulier les grandes lignes des expériences à faire, et, si le facteur temps n'était pas insurmontable, elle permettrait de déterminer comment on pourrait reproduire les minéraux communs des roches, en partant seulement de solutions aqueuses.

Lembert (1) a montré que la chose était possible : il a obtenu de l'analcime en traitant de la leucite par une solution de chlorure de sodium. Il a pu de même opérer la réaction inverse : formation de leucite en traitant l'analcime par des solutions de chlorure de potassium.

Ces considérations, développées pour démontrer le mécanisme des phénomènes de métamorphisme dans le sol, sont tout à fait en accord avec les travaux remarquables de Delage et Lagatu (2) : Il est très probable que la formation de produits secondaires résulte de la solution et de l'hydrolyse, puis des recombinaisons et des cristallisations des substances dissoutes. Ce n'est qu'en admettant ces phénomènes que l'on peut comprendre comment il existe dans le sol des minéraux à un état de pureté aussi parfaite que celle qu'on leur a trouvée.

En particulier, l'accumulation de silice et de produits ferrugineux dans le sol s'explique parfaitement avec ces considérations : La dissolution complète et la décomposition des ferro-silicates, ou

---

(1) *Zeit. deutsch. geol. ges.* 28, 537 (1876).

(2) *Annales de l'Ecole nationale d'agriculture de Montpellier*, 4, 200-220 (1905) ; *Comptes Rendus*, 139, 1044, 1233 (1904) ; et 140, 1555 (1905).

des roches dans lesquelles le fer ferrique remplace plus ou moins l'alumine, produirait naturellement des hydrates ferriques. Il semble pourtant probable que la plus grande partie du fer ferrique provient de l'hydrolyse du fer ferreux qui joue le rôle de base et remplace souvent la magnésie dans les minéraux ordinairement magnésiens. L'hydrate ferreux hydrolysé peut être d'ailleurs rapidement oxydé par l'oxygène de l'atmosphère du sol.

Il faut remarquer, en outre, que l'alumine ne se trouve que rarement dans les sols, à l'état de gibbsite ou de bauxite. — C'est ainsi que dans l'étude faite par les auteurs de plusieurs milliers de sols de toutes les régions des Etats-Unis, on n'a pu l'observer à cet état que dans un seul sol du sud de la Californie. — Liebrich (1), dans ses recherches sur la formation de la bauxite et des minéraux qui l'accompagnent a fait remarquer que l'alumine ne se sépare pas des silicates par la seule influence des agents atmosphériques ordinaires et qu'elle est beaucoup plus rare que les oxydes et les hydrates de fer (2). Les examens minéralogiques et pétrographiques de terres ne montrent généralement pas la présence de diaspore ou de bauxite. Il est néanmoins possible qu'en les cherchant tout particulièrement on puisse en trouver des exemples.

Nos propres expériences n'ont pas pu démontrer qu'il y ait de l'hydrate d'alumine dans les solutions formées par l'action de l'eau sur du silicate d'alumine. Il est donc vraisemblable que l'alumine ou l'hydrate d'alumine n'interviennent que très rarement, sinon jamais comme constituants normaux des sols.

On peut donc conclure de ces faits, que le diaspore ou gibbsite n'est pas un produit normal du métamorphisme (épigénie) des feldspaths dans les terres arables. On voit, en outre, que l'alumine est un constituant essentiel du radical acide des alumino silicates. C'est une justification nouvelle des formules et des considérations que nous avons déjà exposées, pour prouver que la transformation des minéraux dans le sol est due à des phénomènes de solubilité et d'hydrolyse (3).

---

(1) *Zeit. prakt. geol.*, 1897, p. 212.

(2) Voir cependant Parmentier, *Comptes Rendus*, 132, 1332 (1901).

(3) Il semble probable que les hydrates ferrique et aluminique (s'ils existent) doivent former des ferrates et des aluminates, agissant ainsi comme véhicules des bases. En outre, ils sont ainsi rendus plus solubles ; ils peuvent alors être transportés, puis précipités à nouveau, en formant des hardpans ou conglomé-

La silice est un produit normal de la décomposition des minéraux et elle s'accumule en proportions relativement grandes dans le sol. On l'y trouve à l'état de quartz, de silice amygdaloïde, et même sous d'autres formes. Il n'est pas douteux qu'elle n'ait une tendance nette, après s'être solubilisée, à se déposer à l'état de quartz (1). Dans les climats arides, on trouve souvent du quartz en cristaux entiers et en fragments possédant des pointes nettes et des arêtes vives ; dans les régions humides, ces pointes et ces arêtes sont généralement émoussées. Il est néanmoins singulier de constater parfois que, même dans les régions humides, on trouve des cristaux de quartz ayant aussi des arêtes vives et des faces lisses. Leur présence est sans doute attribuable à un dépôt récent par les solutions.

Ces faits sont importants parce qu'ils tendent à contredire l'opinion exprimée parfois que la silice, soit qu'elle provienne des minéraux, soit qu'elle arrive à l'état colloïdal ou tout autre état, tend à recouvrir les minéraux et à empêcher leur dissolution. Or, on n'a jamais pu montrer la présence d'un tel enduit sur les minéraux dans les terres arables. Il est possible que cet enduit puisse parfois se produire jusqu'à un certain point, comme l'ont montré les expériences de Cushman sur le silicate d'alumine colloïdal, mais alors il ne peut jamais amener qu'un léger retard dans la dissolution : en effet, l'enduit lui-même est soluble ; d'ailleurs il laisserait facilement des substances solubles diffuser à travers sa propre substance. Enfin, on n'a jamais pu déceler sa présence par l'examen microscopique.

Il existe bien parfois des enduits à la surface des minéraux, mais ces enduits sont de nature ferrugineuse et on peut généralement les enlever par des moyens mécaniques. Ils sont d'ailleurs perméables à l'eau Remarquons d'autre part que la silice dissoute provient généralement de minéraux et que cette dissolution se fait en présence de quartz et d'autres formes de silice. Il s'ensuit qu'il est très probable que le dépôt ne s'effectue qu'en dernier lieu et vient nourrir les

---

rats. Landrin [*Comptes Rendus*, 94, 1055 (1882)] nie l'existence des ferrates de calcium. On voit ainsi que la formation des concrétions de fer et des hardpans s'explique très aisément par l'action de l'acide carbonique [Bulletin N° 17. Bureau des sols. *U. S. Department of Agriculture*, 1901, p. 13].

(1) Hayes, *Bulletin of the geological Society of America*, 8, 213 (1897) ; et *The Journal of Geology*. Chicago (3), 5, 319 (1897).

cristaux de quartz déjà formés. Cela n'empêche d'ailleurs pas de reconnaître que la silice puisse être transportée par des eaux souterraines et aille se déposer parfois en constituant des conglomérats ou «hardpans» ; mais nous ignorons si ce phénomène se produit jamais à la surface du sol.

Le principal argument à l'encontre de la formation de revêtements siliceux sur les minéraux, c'est que ces minéraux sont solubles de façon continue, quand on ajoute de nouvelles quantités d'eau ou quand on enlève les produits hydrolysés des solutions.

LA SOLUBILITÉ PERMANENTE DES MINÉRAUX ET L'HYDROLYSE QUI S'ENSUIT

Quand on étudie l'action de l'eau sur les minéraux, on doit ne pas perdre de vue qu'il ne s'agit pas de phénomènes de solubilité simple, mais en réalité de phénomènes d'hydrolyse dans des solutions très étendues.

Il est probable que les minéraux silicatés ordinaires, pour tant qu'ils se dissolvent, donnent toujours des solutions complètement hydrolysées ; il s'ensuit que l'on peut connaître la quantité de minéral dissous en mesurant la proportion de base libre dans la solution. La présence des produits de l'hydrolyse, en particulier des produits basiques, tend à diminuer la solubilité du minéral. Il en résulte que, si l'on attend un temps suffisant, il s'établit un état d'équilibre et il n'y a plus de nouvelle dissolution.

C'est ce que nous avons démontré par de nombreuses expériences.

On a épuisé à plusieurs reprises des poudres de roches et de verres par de l'eau distillée exempte d'acide carbonique. On enlevait l'eau surnageante et on la remplaçait par une nouvelle quantité d'eau. On a pu voir ainsi que la solubilisation et l'hydrolyse se continuaient jusqu'à complet épuisement de la base.

Bien qu'étant un des silicates les moins solubles (même parmi les feldspaths), l'orthose traité de cette façon abandonnait régulièrement ses constituants basiques, de même que l'albite, l'oligoclase, la muscovite, la phlogopite, l'heulandite, les verres durs et tendres. La dissolution était particulièrement rapide avec les minéraux magnésiens, la chlorite, la serpentine, l'augite, l'épidote et la trémolite, que l'on a étudiés dans notre Laboratoire.

Depuis plusieurs années, M. J.-B. Breazeale a étudié, sur les conseils de MM. Cameron et Bell, la solubilité de plusieurs terres arables, en les traitant pendant deux semaines par de l'eau en vase clos. Il enlevait aussi parfaitement que possible l'eau surnageante, puis il la remplaçait par de l'eau nouvelle. Il étudia les solutions ainsi obtenues en vérifiant leur résistance électrique et en dosant plusieurs de leurs constituants minéraux. M. Breazeale a ainsi trouvé que la première ou les deux premières eaux de lavage enlevaient plus de matériaux solubles que les autres, mais la concentration en demeurait alors peu variable et en outre les solutions des divers sols ne différaient pas sensiblement.

Un autre fait qui explique la solubilité continue des minéraux, c'est l'ascension de l'eau, dans les interstices du sol, par capillarité. Cette eau s'évapore à la surface et il en résulte une accumulation lente, mais constante, à la surface du sol. Les expériences de King (1) appuient cette affirmation.

Sa méthode a été employée avec succès dans notre Laboratoire pour étudier le mécanisme de l'accumulation d'«alcalis» ou de sels solubles à la surface de la terre arable (phénomène très commun dans les régions arides). Une colonne de terre ou de sable fut disposée de telle manière que la partie inférieure plongeait dans un vase contenant une solution d'un sel. On fit passer ensuite un courant d'air à la surface de cette terre pour en hâter l'évaporation. Lorsque le vase extérieur était rempli d'une solution de chlorure de sodium ou de sulfate de soude à laquelle on ajoutait du calcaire ou du carbonate de magnésie, on pouvait, après quelques jours, voir apparaître, dans la partie supérieure du sol, des quantités appréciables de carbonate et de bicarbonate de soude mélangés. Si la terre contenait beaucoup de matière organique, celle-ci se trouvait plus ou moins dissoute par l'alcali et elle était entraînée à la surface, phénomène exactement pareil à celui qu'on observe dans les champs à alcali noir. On pouvait obtenir de la même façon la présence de sulfate de soude dans les couches supérieures : il suffisait d'ajouter du sulfate de chaux à des solutions de chlorure de sodium du vase extérieur. De plus, si l'évaporation était trop rapide, il y avait dessiccation plus ou moins complète de la surface et l'«alcali» allait

(1) *Recherches sur l'aménagement des sols*, F.-H. King, Madison, Wisconsin, 1904.

s'accumuler à une faible profondeur, ce qui reproduisait un phénomène observé dans la nature.

Une explication nouvelle se trouve suggérée par les derniers travaux de Sullivan (1). L'alcali qui se forme par l'action hydrolysante de l'eau sur les silicates minéraux peut précipiter la base d'un sel, ou même un métal lourd, à l'état d'hydroxyde. Les ions hydroxylés sont ainsi séparés de la solution. Sullivan faisait cette démonstration à l'aide de copeaux de cuivre. Nous l'avons reprise avec du nitrate d'argent. On voit ainsi se réaliser le même phénomène que celui que l'on obtiendrait en présence d'un acide : le minéral est digéré, tout comme dans les manipulations analytiques courantes.

On peut encore montrer facilement la solubilité continue des minéraux, en particulier des silicates pulvérisés, en supprimant les produits de l'hydrolyse : si on fait passer un courant électrique dans le système, les éléments basiques vont se concentrer à la cathode, et les éléments acides vont à l'anode. Mayençon (2) a ainsi étudié diverses poudres de silicates. Il les étalait sur une plaque de métal servant de cathode, plaçait au dessus une feuille de papier, puis ajoutait encore une nouvelle plaque de métal servant d'anode. Le tout constituait un dialyseur à diaphragme. Il put voir que la silice s'accumule à l'anode ; si cette dernière est en argent, en zinc ou en cuivre, il se forme des silicates de ces métaux. Le reste du silicate pulvérisé demeure à la cathode, et le transport est continu.

L'orthose en pâte a été électrolysé dans un dialyseur par Cushmann. Il en remplissait un vase en porcelaine poreuse, puis il y introduisait un charbon anode. Il plaçait un autre charbon cathode dans le vase extérieur. Lorsque le courant passait, le potassium hydrolysé traversait la paroi poreuse au fur et à mesure de sa libération, et allait s'accumuler à la cathode. La pâte se desséchait peu à peu; mais on la mouillait pour répéter plusieurs fois l'opération. On constatait que le rendement de celle-ci faiblissait peu à peu. Il arrivait même à être nul. Cette diminution a été expliquée en supposant qu'il se forme à la surface des particules minérales

(1) *The Journal of the American Chemical Society*. 27, 976 (1905) ; et *Economic Geology*, 1, 67 (1905).

(2) *Ind. Minerale, Berg-Hüttenm. Zeit.*, 55, 333 ; et *Chemisches Central-Blatt*. Berlin, 1896, II, 925.

du silicate d'alumine colloïdal ; ce dernier les protége contre l'action de l'eau et peut même absorber la potasse formée. En broyant, en effet, la pâte résiduelle, on peut obtenir une nouvelle extraction de potasse (1).

Mais il faut remarquer que dans les études microscopiques de

---

(1) Ces expériences ont fait songer à nouveau à la possibilité d'extraire industriellement le potassium des énormes dépôts de feldspaths qui existent dans la nature. Cette extraction serait très utile tout au moins à l'agriculture. Il semble cependant douteux, après les résultats déjà cités, que l'on puisse inventer un procédé électrolytique supérieur à ceux que l'on connaît déjà, en particulier à celui proposé il y a quelque temps par Rhodin [*Journal of the Society Chemical Industry*. Londres, 20, 439 (1901)] : En chauffant un mélange déterminé de feldspath, chaux, et sel ordinaire à 900° C. pendant une heure, on pourrait obtenir 90 o/o du potassium du feldspath, à l'état de chlorure de potassium. (On remarquera que la méthode de Rhodin repose sur le même principe que le procédé analytique bien connu de J. Lawrence Smith, grâce auquel on peut séparer toute la potasse d'un minéral sans difficultés très grandes). — Ville (*Lectures on Agriculture, Massachusetts Society for the Promotion of Agriculture*, 1881. p. 87) signale un procédé employé par Ward et Wynantz, à Bruxelles : le feldspath est mêlé à du carbonate et du fluorure de calcium, puis après un léger chauffage, on peut extraire toute la potasse à l'état de carbonate par lessivage à l'eau (c'est là le principe du procédé d'abord indiqué par J. Lawrence Smith pour le dosage de la potasse dans les minéraux). — Voir *Eng. Pat.*, (17, 985, *of Aug* , 18, 1904), sur l'extraction de la potasse de la leucite, et aussi l'intéressant procédé d'obtention d'alun de potasse à l'aide du feldspath, par Pemberton [*Chemical News* (Londres, 1883), 47, 5].

Les expériences classiques de Magnus ont montré que le feldspath peut constituer un bon sol artificiel [*Journal für Praktische Chemie*, Leipzig, 50, 65 (1850)], cité par Johnson [*Comment les plantes se nourrissent* (1870), p. 160] ; Headden [Bulletin N° 65. *Experiment. Station Colorado*, 1901] a pu y faire développer de l'avoine. — On a même été jusqu'à penser que l'on pouvait utiliser le feldspath comme engrais potassique, en particulier dans le travail de Aitken [*Transactions of the Highland and Agricultural Society of Scotland*. Edimbourg (4), 19, 253 (1887)] qui trouva que pour les pois l'effet fertilisant est équivalent à celui du sulfate de potasse, mais que pour l'avoine cet effet est nettement inférieur. — Ballentine [*Ann. Rep. Agr. Exp. Stat Maine* (1889), p. 113] trouva de son côté que pour l'avoine le feldspath est un bon engrais potassique, mais qu'il ne vaut pas le chlorure de potassium. — Sabelien [*Tids. skr. Norske Landbr.*, 69 (1901)] et d'autres ont rapporté les résultats d'expériences analogues. — Le Dr A.-S. Cushman a démontré qu'en utilisant les méthodes moins coûteuses et plus commodes qui ont été trouvées au cours de ces dernières années grâce en particulier à la mouture à chaud dans des moulins à boulets, il serait parfois possible d'utiliser les feldspaths comme engrais potassique.

terres arables, s'il est exact que l'on voit souvent des produits de décomposition à la surface des grains de feldspaths, on trouve aussi des grains inaltérés. Il en résulte que l'explication de Cushman pour les roches ne s'applique pas intégralement aux sols.

Dans notre Laboratoire, nous avons soumis, il y a quatre ans, des poudres de minéraux et de roches, contenues dans des dialyseurs à deux diaphragmes, au passage d'un courant électrique. L'appareil employé se composait d'un tube de verre en U, entre les bras duquel on introduisait des tampons de diverses substances servant de diaphragmes. La poudre à étudier était placée entre ces diaphragmes. Dans ces conditions, on observa que la solution contenue dans le tube cathode augmentait de volume et qu'elle était toujours alcaline. Néanmoins on douta des résultats obtenus, parce que, dans des essais à blanc faits avec de l'eau pure, on put mettre en évidence une alcalinité due au verre de l'appareil. On pouvait d'ailleurs faire d'autres critiques à ce dispositif, qui fut abandonné.

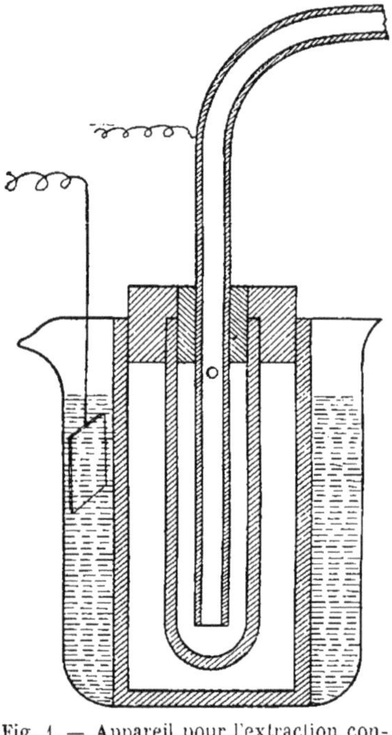

Fig. 1. — Appareil pour l'extraction continue des constituants solubles dans l'eau des minéraux et des terres arables.

On a repris dernièrement cette méthode, mais en la perfectionnant, pour montrer la solubilité continue des silicates. Le type d'appareil que l'on a définitivement adopté consiste en deux vases de porcelaine poreuse, non vernie, maintenus l'un dans l'autre par un bouchon de caoutchouc (1).

Le vase externe, d'environ 10 cm. de haut et 45 cm. de diamè-

(1) Dans quelques cas, il a été avantageux d'employer des cylindres de papier parchemin, au lieu de porcelaine non vernie.

tre intérieur, est du type employé ordinairement pour les piles électriques. Le vase interne est constitué par un bout de bougie de filtre Chamberland. Il est fixé par un bouchon en caoutchouc laissant passer un tube d'étain, recourbé dans le haut, et il est percé de deux trous, juste sous le bouchon. Ces trous sont destinés à permettre l'échappement des gaz du compartiment intérieur.

Tout l'appareil est immergé dans un vase approprié.

On peut aisément comprendre ce dispositif par la figure ci-dessus. Le tube d'étain sert de cathode et une plaque de platine sert d'anode. On place la substance en poudre, ou la terre, dans l'intervalle qui sépare les deux vases de porcelaine. On a trouvé qu'il était souvent avantageux de diviser la substance pulvérulente ou la terre à l'aide de coton hydrophile. Avant d'utiliser l'appareil, on le nettoie en le garnissant plusieurs fois d'eau pure et en faisant passer le courant électrique jusqu'à cessation de bulles gazeuses. Le coton employé doit de son côté avoir été débarrassé des sels solubles qu'il peut contenir. La solution qui va se rassembler dans le compartiment cathode par osmose électrique peut être enlevée par le tube d'étain et on la conserve dans un récipient approprié. On ajoute en même temps de l'eau pure dans le compartiment anode. On peut ainsi faire une extraction continue des constituants du minéral. On a en outre l'avantage de séparer les produits dissous et hydrolysés, à mesure de leur formation, en partie acide et partie basique, chacune dans un compartiment particulier.

Dans une série d'expériences, six de ces cellules dialyseurs furent placées sur un circuit, avec un courant de 40 volts pendant 14 jours. On recueillit à part les solutions résultantes que l'on avait enlevées de temps à autre, on les évapora à sec, et on en fit l'analyse. On porta alors le voltage à 80 volts, pour augmenter l'osmose, et on prolongea l'expérience durant 8 semaines de plus. On avait mis dans chacun des dialyseurs l'un des minéraux suivants : de l'apatite, de l'orthose, de la muscovite, de l'hornblende, de la serpentine, du limon de Podunk. Voici les résultats que l'on obtint :

Extraction par l'eau des constituants minéraux de diverses poudres de roches et d'un sol

MINÉRAUX DU SOL	CONSTITUANTS	Quantités par gramme	Quantités extraites pendant les 2 premières semaines	Quantités extraites pendant la seconde quinzaine	Quantités extraites pendant six semaines de plus
		MINÉRAUX			
		milligr.	milligr.	milligr.	milligr.
Apatite	CaO	547	66.3	53.0	147.7
	P^2O^5	403	33.9	31.3	101.5
Orthose	K^2O	129	0.6	0.5	0.9
Muscovite	K^2O	96	1.1	1.3	2.3
Hornblende	MgO	281	4.9	2.9	3.8
Serpentine	MgO	395	8.2	5.7	5.5
		SOL			
Limon de Podunk	CaO	3.3	0.8	Bases=1.8 de K^2O	Bases=1.0 de K^2O
	MgO	5.0	1.0		
	K^2O	11.6	1.5		
	P^2O^5	1.7	0.2		

Ces résultats montrent indiscutablement qu'après 10 semaines de contact avec l'eau, les minéraux persistent à se dissoudre de façon continue. La teneur de la solution semble parfois faiblir, mais ce fait doit être la conséquence de l'obstruction des pores des vases ou d'autres difficultés expérimentales. Remarquons toutefois que la chaux et l'acide phosphorique ne semblent pas demeurer dans le rapport indiqué par l'analyse dans l'apatite. Le phosphate normal $(PO^4)^2Ca^3$ semble se décomposer en chaux et phosphate acide $CaHPO^4$.

On peut le constater dans les indications précédentes : les minéraux, même finement pulvérisés, ne se dissolvent que très lentement. Ainsi, dans l'une des expériences, on avait placé des échantillons de poudres de verre, d'orthose, d'albite et de limon de Podunk dans des cylindres de paraffine maintenus à la température constante de 27° C. On y avait ajouté de l'eau dont la résistance électrique était de 24000 ohms.

Après un jour de contact, les résistances en ohms des solutions étaient devenues : verre 624 ; orthose 4740 ; albite 2728 ; limon de Podunk 6760.

Six semaines plus tard : verre 140 ; orthose 940 ; albite 1070 ; limon de Podunk 3250.

Après trois nouvelles semaines : verre 82 ; orthose 735 ; albite 1000 ; limon de Podunk 2850.

Les résistances continuèrent à diminuer encore. Mais l'expérience fut abandonnée. Son but était de rechercher s'il était possible d'atteindre l'état d'équilibre des solutions, au bout d'un temps raisonnable, et de justifier ainsi la mesure des concentrations absolues que l'on obtenait.

On comprend qu'on ne saurait avantageusement faire de telles déterminations, car les résultats ainsi obtenus ne s'appliqueraient guère qu'aux cas particuliers envisagés. Il est peu probable, en outre, que l'on puisse démontrer que l'état d'équilibre y ait été obtenu. Avec des phosphates, par exemple (1), on a pu voir que la quantité de substance d'un minéral en bloc ou en poudre susceptible de se dissoudre dans un volume d'eau déterminé, pendant un temps donné, dépendait des quantités relatives du corps et du solvant en présence (l'importance des surfaces de contact intervenant sans doute). On n'a donc pas encore pu trouver de relations quantitatives.

C'est ainsi que 1 gr. de poudre de muscovite mis en contact avec 100 c. c. d'eau, pendant 14 mois, dans des cylindres clos de paraffine, a donné une solution contenant 10,4 millionièmes de potassium.

S'il y avait 500 c. c. d'eau pour la même quantité de poudre, on obtenait 2,1 millionièmes de potassium solubilisés. (Dans ce cas on devait s'approcher de la relation cherchée).

Mais en employant 1 gr. d'orthose en poudre avec 100 c.c. d'eau dans les mêmes conditions, on obtenait 2,7 millionièmes de potassium, tandis que si on employait 500 c. c. d'eau on obtenait 1,7 millionièmes, et avec 2000 c. c. d'eau, on n'avait que 0,5 millionièmes.

Avec 1 gr. d'albite en poudre dans 100 c. c. d'eau, on obtenait

(1) *Journal of the American Chemical Society*. Chicago, 26, 885, 1454 (1904).

3,7 millionièmes de sodium, et avec 500 c. c. d'eau on avait 1 millionième.

Ces résultats montrent qu'on peut obtenir un état d'équilibre si l'on attend un temps suffisant. Ce temps est d'autant plus court qu'il y a dans le système une proportion plus élevée de corps solide par rapport au liquide dissolvant. Mais on voit aussi qu'il est peu probable que l'on puisse atteindre cet état d'équilibre dans un laboratoire, à cause du temps exigé. Il est peu probable d'ailleurs que l'eau d'un sol puisse demeurer assez longtemps en contact avec les particules de ce sol pour atteindre elle-même cet état d'équilibre. Des facteurs particuliers, que nous étudierons dans un chapitre ultérieur, interviennent dans ce cas.

INFLUENCE DE DIVERS AGENTS SUR LA SOLUBILITÉ DES MINÉRAUX DU SOL

Température

Autant que nous le puissions savoir aujourd'hui, l'élévation de température augmente l'hydrolyse (1). Il ne s'ensuit pas toujours une augmentation de la solubilité ; un exemple bien connu est le cas du gypse : le maximum de la solubilité de ce corps est situé à 37°-40° C. (2). Au dessus de 80° C. la solubilité devient inférieure à ce qu'elle était à 0°.

Le carbonate de calcium agité avec de l'eau pure à la température du laboratoire donne une solution faiblement alcaline. L'alcalinité devient très manifeste avec de l'eau plus chaude. Tous les minéraux silicatés ordinaires donnent aussi des solutions notablement plus alcalines quand la température s'élève. Comme l'hydrolyse de la partie dissoute de ces minéraux doit être complète, il s'ensuit que leur solubilité doit croître avec la température. Le même phénomène s'observe même avec les minéraux qui ne contiennent pas d'alcali, d'après les expériences classiques de Wöhler (3) (recristallisation d'apophyllite par refroidissement d'une solution faite à

(1) Th. Madsen, *Abhängigkeit der Hydrolyse von der Temperatur. Zeit. phys. Chem.*, 36, 290 (1901).

(2) 37°5 C. d'après Marignac [*Ann. Phys. Chim.* (5), 1, 274 (1874)] et 40° C. d'après Hulett et Allen [*Journal of the American Chemical Society*. Easton, 24, 667 (1902)].

(3) *Jahresb. Liebig et Kopp*, 1847-48, p. 1262.

l'ébullition), de Spezia (1) (avec l'apophyllite et le quartz) (2) et de Döller (3) (déjà cité). Le verre dont la composition est analogue à celle des silicates minéraux, se dissout complètement dans l'eau à 185°-200° C, comme l'a fait voir Barrus (4). Cette observation est particulièrement intéressante, car elle montre l'augmentation de solubilité de la silice pareille à celle des autres produits de l'hydrolyse.

Les variations de température que peut subir une terre arable, au moins pendant une partie de l'année, ont une très grande importance. Il est probable même que les écarts de température des couches supérieures, quand elles ne sont pas recouvertes de végétation, doivent être plus grands que ceux de l'air ambiant, par suite de l'absorption indéniable des rayons calorifiques. Il doit s'ensuivre une répercussion notable sur les phénomènes de dissolution et de recristallisation des minéraux. C'est, en outre, un obstacle à la formation dans le sol d'enduits imperméables à l'eau ; celle-ci peut donc exercer librement son action dissolvante sur les particules.

Si l'on est d'accord sur ce point que, dans les modifications subies par les substances minérales du sol, les phénomènes de combinaison doivent intervenir aussi bien que les phénomènes de décomposition, on doit nécessairement tenir compte de l'influence de la température. Nous connaissons bien peu de chose encore sur cette influence et il est très possible que des recherches ultérieures lui attribuent une importance considérable. On pourra peut-être indiquer quelles combinaisons minérales doivent se maintenir dans les conditions de l'équilibre et dans quel sens on doit prévoir les réactions. On ne possède actuellement qu'un guide, la règle des phases.

En ce qui concerne cette influence de la chaleur, il convient d'utiliser le principe de Le Chatelier, que l'on peut résumer en disant que l'accroissement de chaleur amène la formation de composants endothermiques, et inversement.

---

(1) *Jahrb. für Min.*, 1895, II, Rep. 242.
(2) *Atti della accademia di Scienze*. Turino, 35, 750 (1900).
(3) *Monatshefte*, 11, 151 (1890).
(4) *American Journal of Science* (4). 6, 270 (1898).

Pression

On pense généralement que l'accroissement de la pression augmente l'action dissolvante de l'eau sur les minéraux. Ce n'est pas toujours exact, notamment dans le cas du chlorure d'ammonium, dans celui de l'apophyllite étudié par Spezia (1), et dans d'autres encore, étudiés par Tammann (2) et Von Stackelberg (3). Si l'on admet généralement que l'augmentation de pression amène une plus grande solubilité, la cause en réside, sans doute, en ce fait que, dans la plupart des recherches faites à des températures élevées, on a opéré en vase clos, où l'augmentation de solubilité provoquée par la température est fort importante. On constate en outre aisément, par les observations géologiques, que l'action dissolvante de l'eau est plus grande à une certaine profondeur du sol qu'à la surface. Ce résultat s'explique sans doute par l'augmentation de la concentration des gaz dissous, en particulier du gaz carbonique (4).

L'augmentation de pression a pour effet de diminuer le volume, et la loi générale qui régit ces phénomènes a été énoncée par Le Chatelier. Elle indique que, si la substance solide et le solvant se contractent en se dissolvant, la solubilité doit croître avec l'augmentation de pression, et vice versa.

Barus (5) a fait des expériences sur des verres; il semble avoir pu voir que les silicates minéraux sont en général plus solubles quand la pression augmente.

Mais nous n'étudions ici que les sols, au sein desquels la pression demeure pratiquement la même que dans l'atmosphère. Les variations de solubilité déterminées par les variations de cette pression ne peuvent jamais être que peu importantes. Nous n'étudierons pas davantage cette influence.

---

(1) *Jahrb. für Min.*, 1895, II, Rep. 242.

(2) *Zeit. Phys. Chem.*, 46, 818 (1903).

(3) *Ibid.*, 20, 337 (1896).

(4) *Equilibres*, p. 210. Voir aussi Nernst, *Chimie Théorique*, traduit par Palmer, 1895, p. 567; Ostwald, *Principes de Chimie inorganique*, traduit par Findlay, 1902, p. 130, et *Solutions*, traduit par Muir, 1891, p. 61.

(5) *American Journal of Science* (4), 6, 270 (1898); et 9, 161 (1900).

Acide carbonique

On sait que le gaz carbonique en solution dans les eaux souterraines est un agent très important de solubilisation et de décomposition des minéraux.

Dans le sol, pour la partie soumise aux agents atmosphériques, son effet est dû principalement à la limitation de la masse active d'hydrates de bases hydrolysées. Il forme avec eux des bicarbonates. C'est pourquoi les liquides du sol n'ont que très rarement une réaction alcaline au tournesol et à la phtaléïne, alors qu'une ébullition de quelques minutes peut la faire apparaître.

On pense que le gaz carbonique dissous peut agir comme un acide et augmenter la solubilité des minéraux. Cette hypothèse conduit à l'étude de la répartition d'une base entre deux acides dans le système : eau, acide carbonique dissous et minéral (1).

Mais il est probable que le gaz carbonique n'agit que faiblement de cette manière. On a pu montrer, par des recherches récentes (2), que le gaz carbonique ne peut fournir avec l'eau que fort peu d'acide, si toutefois il en fournit. L'acide formé est à peine plus fort que l'acide silicique avec lequel il est en contact (3). En outre, les silicates sont généralement moins solubles que les carbonates correspondants.

D'autre part, on sait que le gaz carbonique peut se dissoudre dans l'eau en proportions plus grandes que ne le ferait prévoir la loi d'Henry ; il forme ainsi des sels avec les hydrates des éléments basiques. On connaît très bien aujourd'hui la solubilité des carbonates alcalins ; mais on n'a pas encore déterminé la limite de solubilité des carbonates et des bicarbonates alcalino-terreux du sol, lorsqu'ils sont en contact avec les solutions des sols et que la pression du gaz carbonique augmente. Néanmoins des travaux, dont la valeur et le grand intérêt doivent être notés, ont été faits

---

(1) Voir Mellor, *Chemical Statics and Dynamics*, 1904, p. 216.

(2) Walker et Cormack, *Journal of the Chemical Society*. Londres, 77, 5 (1900) ; Bodlander, *Zeit. Phys. Chem.*, 35, 25 (1900).

(3) L'acide carbonique passant à travers une solution de silicate de soude précipite néanmoins la silice.

par Schlœsing (1), Treadwell et Reuter (2), Bodländer (3). Ils donnent des résultats très importants sur la solubilité de ces substances pour de grandes variations de pression.

Des recherches des frères Roger (4), de Zohnstone (5) sur les micas et l'olivine, de Müller (6) et de beaucoup d'autres, ont établi incontestablement le fait que la présence dans l'eau du gaz carbonique augmente l'action dissolvante de cette eau sur les minéraux silicatés basiques.

Dans les expériences faites dans notre Laboratoire, on a mis des minéraux pulvérisés en contact avec de l'eau pure et avec diverses solutions, pendant 14 mois, dans des cylindres en paraffine :

Deux grammes d'orthose avec 1 litre d'eau pure ont donné une solution 1,7 millionièmes de potassium (K), tandis qu'une autre eau saturée d'acide carbonique donnait une solution de 2,5 millionièmes.

Deux grammes de muscovite dans un litre d'eau pure ont libéré 10,4 millionièmes de potassium. La solution saturée d'acide carbonique en libérait 18,3.

Deux grammes d'albite dans 1 litre d'eau pure ont libéré 1,0 millionième de sodium. L'eau saturée d'acide carbonique n'avait pas beaucoup plus d'effet et n'en libérait que 1,1 millionième.

Assurément, dans chacun de ces cas, on n'avait pas atteint l'état d'équilibre entre les phases liquide et solide. Néanmoins, sauf pour l'albite, les résultats obtenus avec de l'eau saturée d'acide carbonique étaient beaucoup plus élevés que ceux obtenus avec l'eau pure. Donc l'acide carbonique non seulement hâte la solubilisation, mais encore augmente l'action dissolvante.

On a fait voir que l'acide carbonique dissous accroissait la solubilité du phosphate de calcium (7), même dans les solutions que rendait franchement acides la présence d'acide phosphorique libre

(1) *Comptes Rendus*, 74, 1552 (1872).

(2) *Zeit. anorg. Chem.*, 17, 199 (1898).

(3) *Ibid.*, 35, 28 (1900).

(4) *American Journal of Science and Arts* (2), 5, 401, 1848.

(5) *Proceedings of the Royal Society of Edimburg*. Ecosse, 15, 438 (1887-88) ; 16, 172 (1888-89) ; Quarterly, *Journal of the Geological Society*. Londres, 45, 363 (1889).

(6) *Untersuchungen über die Einwirkung des Kohlensaurehaltigen Wassers auf einige Mineralien und Gesteine. Tschermaks min. Mit.*, 7, 47 (1877).

(7) *Journal of the American Chemical Society*. Easton, 26, 1454 (1904).

et dans lesquelles il n'y avait certainement ni carbonates ni bicarbonates.

Il semble donc que nous n'ayions jusqu'à présent aucune explication satisfaisante du mécanisme de l'action de l'acide carbonique. On est réduit à savoir empiriquement que cet acide est un des adjuvants les plus puissants de l'action dissolvante de l'eau sur les minéraux.

Sels inorganiques

Puisque les minéraux sont pour la plupart des sels, ils doivent, dans les solutions aqueuses, se comporter comme des électrolytes. C'est, en effet, le cas général.

Mais des conditions particulières opposent à l'étude des solutions du sol des difficultés qu'on ne rencontre pas dans l'étude des solutions de laboratoire. Les *lois des solutions* que l'on connaît bien aujourd'hui n'ont été vérifiées qu'avec ces dernières. Il est, en effet, relativement aisé d'étudier les phénomènes de solubilité de corps tels que l'hydrate de calcium, les carbonate, sulfate et phosphate de chaux, les phosphates de fer et d'alumine, etc., en présence de divers sels plus solubles. Mais avec les silicates ferriques ou aluminiques de la terre arable, des difficultés proviennent de ce que la solubilité ordinaire est toujours accompagnée de phénomènes relativement importants d'absorption et d'adsorption.

Ces phénomènes font, en effet, intervenir des propriétés sélectives qui amènent une absorption plus considérable des constituants basiques.

Si, par exemple, on verse petit à petit une solution neutre de chlorure de potassium ou de chlorure de sodium sur une colonne formée soit par de la terre, soit par du kaolin, du charbon, du coton hydrophile, ou toute autre substance analogue présentant une grande surface, on constate que le liquide, après avoir traversé la colonne, est devenu nettement acide. (On peut opérer également en agitant, dans un récipient, ces substances avec les solutions). — Ce fait avait déjà été attribué à une tout autre cause ; il avait suggéré une méthode d'estimation de l'acidité des terres (1).

---

(1) Bulletin N° 73. Bureau de Chimie. *U. S. Department of Agriculture.* Procédés de la 19ᵉ convention annuelle de l'Association des chimistes agricoles officiels, 1903, p. 114.

L'hydrolyse relativement importante des produits minéraux dissous crée de son côté une grave complication.

Enfin, il est possible qu'il se soit formé dans le sol de nouvelles espèces minérales, douées d'une solubilité et de propriétés très analogues à celles du minéral primitif.

Dans ce dernier ordre d'idées, Lemberg (1) a trouvé qu'en traitant la leucite ($KAlSi^2O^6$) par une solution à 10 o/o de chlorure de sodium, il se formait un silicate d'alumine sodique, l'analcime ($NaAlSi^2O^6$, nH^2O), et du chlorure de potassium. La réaction inverse, traitement de l'analcime par une solution de chlorure de potassium, donnait de la leucite. Ce même savant (2) a montré que les feldspaths et les autres minéraux subissaient des transformations identiques quand on les traitait par des solutions de sels ordinaires solubles. Ces résultats des expériences de Lemberg sont très remarquables, car il opéra aussi bien à la température ordinaire qu'à des températures élevées.— Schulten (3) a préparé de l'analcime artificielle par chauffage à de très hautes températures, en tubes scellés. — Friedel et Sarasin (4) ont pu obtenir de l'orthose artificiel à des températures moindres. — Gonnard (5) a obtenu des zéolites.

On pourrait citer beaucoup d'autres expériences aboutissant à des préparations artificielles de minéraux. On y trouve la preuve de leur nature saline et des suggestions sur la manière dont ils peuvent se comporter à la température ordinaire, en présence des solutions aqueuses de sels plus solubles.

Il est regrettable que les expériences déjà faites ne soient pas plus précises et qu'elles n'indiquent pas mieux le degré de stabilité, au contact des solutions des sels que l'on rencontre le plus fréquemment, des espèces minérales ordinaires constituant les roches. De tels résultats seraient fort utiles aux études de géologie, de minéralogie et d'agrologie. Il y a là un champ attrayant pour l'application de la règle des phases et de la loi des masses ; on peut en espérer des résultats utilisables par la chimie tant théorique que pratique.

---

(1) *Zeit. deutsch. geol. Ges.*, 28, 537 (1876).
(2) *Inaugural dissertation.* Dorpat, 1877 ; *Bied Centr.*, 1879, p. 568.
(3) *Comptes Rendus*, 94, 96 (1882).
(4) *Ibid.*, 92, 1374 (1881).
(5) *Jahrbuch Min.*, 1884, I, Ref. 28.

Très peu de travaux présentant quelque valeur ont été publiés sur ce sujet. Encore ne sont-ils que qualitatifs. On ne possède donc aucune étude précise. On a généralement négligé le facteur temps et le facteur constitué par la nature des récipients employés. (C'était souvent du verre plus soluble que les minéraux eux-mêmes).

On peut cependant avancer que, en général, les lois des solutions ordinaires s'appliquent aux silicates complexes.

Nous avons pris, par exemple, 3 parts égales d'une poudre de verre (c'était un borosilicate de potasse). On les mit respectivement en contact : 1° avec de l'eau pure ; 2° avec une solution à 4 o/o de chlorure de potassium ; 3° avec une solution à 4 o/o de chlorure de sodium. On maintint le tout en agitation, à la température d'environ 27° C. On préleva ensuite 10 c. c. de chacune des solutions et on en fit le titrage acidimétrique à l'aide de liqueur cinquanti-normale $\left(\frac{N}{50}\right)$ d'acide. Il fallut 13 c. c. 5 de solution acide pour neutraliser la solution où il n'y avait que du verre et de l'eau ; 9 c. c. 4 pour celle additionnée de chlorure de potassium (on voit là une diminution de la solubilité due à l'influence de l'« ion commun ») ; et 14 c. c. 7 pour la solution additionnée de chlorure de sodium (la solubilité était augmentée par l'addition d'un électrolyte ne donnant pas d'ion commun). Cependant aucune de ces solutions n'avait atteint l'équilibre avec la phase solide qu'elle baignait.

Divers échantillons de poudres d'orthose, de muscovite et d'albite, à dose de 1 gr. de minéral pour 100 c. c. d'eau exempte d'acide carbonique dissous, furent placés dans des tubes de paraffine. Avant de fermer ces tubes, on y ajouta des solutions de chlorure de potassium ou de nitrate de soude. Puis on maintint le tout pendant 14 mois dans des conditions aussi identiques que possible.

L'orthose, dans l'eau pure, donna une solution exigeant, pour la neutralisation, 3 c. c. 5 de solution acide cinquanti-normale $\left(\frac{N}{50}\right)$ par litre. Avec la solution à 1 o/o de chlorure de potassium, il fallait 1 c.c. 7 d'acide. (La solubilité avait donc diminué, comme on pouvait s'y attendre, à cause de l'influence de l'ion commun). Mais avec la solution à 1 o/o de nitrate de soude, il ne fallait que 1 c. c. (résultat indiquant une diminution de la solubilité là où on aurait dû s'attendre à une augmentation).

La muscovite dans l'eau pure donna une solution exigeant, pour sa neutralisation, 13 c. c. 3 de liqueur acide par litre. Avec la solution à 1 o/o de chlorure de potassium, il fallait 2 c. c. 5 ; mais, avec la solution à 1 o/o de nitrate de soude, il n'y avait pas de modification dans la solubilité.

L'albite dans l'eau pure donna une solution exigeant, pour sa neutralisation, 8 c. c. de liqueur acide par litre ; 1 o/o de chlorure de patassium diminuait l'alcalinité de moitié environ et 1 o/o de nitrate de soude ne la diminuait que fort peu.

Tous ces résultats sont semblables à ceux de Dittrich (1) qui, pour un granite à hornblende, avait observé de nombreuses anomalies apparentes dans l'effet de solutions salines de concentrations différentes : les solutions les plus diluées de certains sels montraient une plus grande action dissolvante que les solutions concentrées.

Pour de nombreuses raisons, répartition très étendue, masse, importance dans la nature à titre de véhicules de la potasse, l'étude des feldspaths présente un grand intérêt. Malheureusement ces silicates ont une solubilité dont l'étude au laboratoire est fort difficile. Au contraire, les minéraux magnésiens, grâce à leur solubilité beaucoup plus grande et en dépit de leur tendance, déjà mentionnée, à constituer des sels basiques, constituent des matériaux d'étude infiniment plus pratiques.

Nous avons traité des lots de 10 gr. d'hornblende contenant 16,6 o/o de magnésium par 250 c. c. soit d'eau pure, soit de solutions à 4 o/o de chlorure de potassium, de chlorure de sodium ou de nitrate de soude, contenues chacune dans des cylindres de paraffine. Ces cylindres furent d'abord agités pendant 2 jours, puis on les laissa reposer pendant 12 autres jours. C'est alors que l'on préleva des quantités égales de chacune des solutions pour déterminer les proportions de magnésium qu'elles contenaient. Le titrage fut fait avec une solution acide cinquanti-normale $\left(\frac{N}{50}\right)$ en prenant la phtaléïne comme indicateur.

(1) *Mittheilungen Grosch. Bad. geol. Landesanst*, 4, 341 (1901).

Voici les résultats trouvés :

	EN GRAMMES			
	Eau seule	Solution de KCl	Solution de NaCl	Solution de AzO^3Na
Par méthode gravimétrique....	0.0045	0.0083	0.0100	0.0071
— volumétrique......	0.0040	0.0086	0.0098	0.0072

Ici, les trois sels ajoutés ne donnant pas d'*ion commun* ont sensiblement accru la proportion de magnésie dissoute et par suite l'alcalinité de la solution (l'hornblende est surtout du SiO^3Mg).

Fight (1) a étudié l'action de l'hydrate et du carbonate de soude sur les feldspaths et la wollastonite. Il a trouvé que, à l'égard de la décomposition des minéraux, l'influence du carbonate était faible, tandis que celle de l'hydrate était intense. Ses expériences furent exécutées à la température de 100°; elles envisagent surtout le point de vue analytique. Leurs résultats présentent néanmoins un grand intérêt, car ils démontrent la stabilité des minéraux silicatés, en présence de carbonates.

Beyer (2), Dietrich (3) et d'autres ont étudié l'action de diverses solutions salines sur les feldspaths, les roches et les terres. Les résultats qu'ils ont obtenus manquent de précision, mais tous ont montré qu'il y a augmentation nette de la solubilité quand l'eau contient des sels dissous. Le plus souvent cette augmentation concorde avec ce que permet de prévoir l'hypothèse de la dissociation électrolytique.

Il est admis, d'une façon générale, que les sels de chaux augmentent la quantité de potasse soluble des terres. Manneffe (4) a montré que la chose était vraie pour l'hydrate de chaux, mais non pour le gypse. L'effet des solutions dans un temps donné varie naturellement avec chaque sol.

(1) *Journal of the Chemical Society*. Londres, 41, 159 (1882).
(2) *Die Landwirthschaftlichen Versuchs-Stationen*. Berlin, 14, 314 (1871).
(3) *Jahresbericht der Agriculturchemie*. Berlin (Hoffman) 1862-3, p. 12.
(4) Bulletin N° 48 de la Station agronomique de l'État à Gembloux (Belgique), 1891, p. 7; *Bied. Centr.*, 20, 294 (1891).

Kalmann et Böcker (1) ont fait voir que, si l'on augmente la concentration de la solution de sulfate de chaux, les quantités de potassium que l'on peut extraire d'un sol augmentent jusqu'à un maximum. Elles diminuent ensuite comme l'indiquent beaucoup de courbes d'électrolytes analogues donnant deux ions.

Dusserre (2), étudiant l'action de diverses solutions salines sur des terres arables, a trouvé que le gypse augmente très sensiblement les quantités de potassium dissous, tandis que le chlorure de potassium augmente la proportion de calcium. Le sulfate d'ammoniaque doit augmenter à la fois la proportion de potassium et de calcium dissous. Il ne nous paraît pas utile de faire sur ce point de nouvelles citations.

Il est admis, aujourd'hui, après de très nombreux travaux, que l'action particulière des acides consiste à accroître la solubilité et la décomposition des minéraux qui constituent les roches. Toutefois certains minéraux, les feldspaths notamment, sont particulièrement résistants à de telles actions.

Le sulfate de fer à l'état de pyrite ou de marcassite se trouve, presque toujours (3), être un minéral constitutif des terres arables. Il est particulièrement altérable par l'oxygène et par l'eau, surtout lorsqu'il est à la surface du sol. Mais cette altération peut encore s'effectuer à une certaine profondeur : le sulfure est oxydé et transformé en sulfate. A cet état il est soluble et hydrolysable, avec dépôt d'hydrate ferrique et formation d'acide sulfurique libre. C'est par ce mécanisme que l'on trouve souvent des eaux de mines très acides. Dans notre Laboratoire, nous avons eu plusieurs fois l'occasion d'examiner des eaux de sous-sols qui contenaient, sans aucun doute, de l'acide sulfurique libre. Les chimistes qui étudient les sols connaissent d'ailleurs les observations de Maxwell (4) qui trouva cet acide dans l'eau s'échappant de crevasses des îles Hawaï. Il lui attribua un rôle important dans la formation de certains sols.

Il y a plusieurs années, Thomas Means, qui travaillait à cette époque dans notre Bureau des sols, attira l'attention sur la formation d'une incrustation saline qui se produisait à la surface d'une exca-

(1) *Die Landwirthschaftlichen Versuch-Stationen*. Berlin, 21. 349 (1877-78).

(2) *Annuaire agricole de la Suisse*. Berne, 1, 66 (1900).

(3) *Evans. Min. Mag.*, 12, 371 (1900).

(4) *Laves et terres des iles Hawaï*, 1897, p. 12.

vation récemment creusée dans le réservoir Howard à Washington. Cette incrustation possédait une acidité suffisante pour percer un mouchoir dans lequel on en emportait un échantillon. On put reconnaître que cette substance était en réalité du sulfate ferreux entraîné par les eaux souterraines et déposé à la surface du sol après leur évaporation. L'eau-mère contenait une forte proportion d'acide sulfurique libre (1). Il est vraisemblable que presque tous les sols reçoivent de la même façon l'apport d'une petite quantité d'acide sulfurique dont l'action dissolvante sur les minéraux peut parfois devenir assez notable.

Mais il est très important de remarquer que les extraits aqueux de terres arables ne contiennent que rarement des acides libres autres que l'acide carbonique dissous. Presque toujours, si l'on enlève cet acide par chauffage ou par barbotage d'un gaz neutre, la solution prend une réaction alcaline plus ou moins accentuée.

Il est cependant possible que, par suite d'une absorption particulière dont nous parlerons plus loin, des terres arables, fumées abondamment et depuis peu avec des engrais minéraux, puissent contenir des acides minéraux libres. — Les travaux classiques de Way (2) et beaucoup d'autres depuis ont montré que les sels d'ammonium sont plus ou moins décomposés dans le sol avec mise en liberté d'acide libre. — Dans notre Laboratoire, Keith a trouvé, il y a quelque temps, que les sels de potassium se décomposent de même en libérant de l'acide. — Seidell a fait voir que les phosphates monocalcique (celui du superphosphate), dicalcique (provenant du superphosphate rétrogradé) et même tricalcique, donnent une solution à réaction franchement acide. — Hurst a montré qu'il en était de même pour les phosphates de fer et d'alumine ainsi que pour les composés résultant de la précipitation de l'acide phosphorique par des sels de fer ou d'alumine, alors même qu'il y a excès de ces derniers. — Ce travail concorde avec les recherches de Lachowitz (3), Schneider (4), etc.

Néanmoins si l'on considère le rapport de la masse du sol à la masse des engrais que l'on emploie ordinairement, on se convainc

---

(1) Voir aussi Merrill, *Proceedings of the U. S. National Museum*, 17, 88 (1894).
(2) *Journal of the Agricultural Society of the England*. Londres, 11, 313 (1850).
(3) Warington, *Journal of the Chemical Society*, 26, 983 (1873).
(4) *Monatshefte*, 13, 357 (1892).

qu'il est peu probable que l'acidité due aux apports d'engrais puisse avoir une grande importance, sauf dans des cas absolument spéciaux.

Composés organiques

On admet généralement que certains acides : humique, ulmique, crénique, apocrénique, etc., existent dans les terres arables et qu'ils influent beaucoup sur la dissolution des minéraux. Cette influence semble pourtant peu probable quand on étudie de plus près les résultats connus.

L'existence elle-même de ces acides n'a jamais été parfaitement démontrée.

On sait que les solutions alcalines des sols dissolvent la matière organique, et que celle-ci peut être précipitée par des acides minéraux. C'est bien là un caractère que présentent aussi les acides organiques, mais diverses formes de la matière organique, en particulier la cellulose, le présentent aussi.

On n'a d'ailleurs pu faire aucune description satisfaisante des propriétés physiques et chimiques de ces acides supposés, de leurs sels et de leurs dérivés caractéristiques.

Dans notre Laboratoire nous avons extrait la matière organique d'un grand nombre de terres d'origines et de types très différents, en utilisant comme solvants des solutions d'ammoniaque, de potasse et de soude. Ces extraits, soigneusement filtrés en tubes Chamberland pour enlever la matière organique en suspension, ont été acidifiés par l'acide chlorhydrique qui précipite la matière organique. Après lavage le précipité a été séché en couches minces, à la température du laboratoire. Or, en opérant ainsi, on n'a jamais constaté que le précipité mis en suspension dans l'eau eût une réaction acide au tournesol sensible. — Toutefois, on a remarqué que si l'on se contente d'humecter le précipité et si on le dépose ensuite sur un papier de tournesol sensible, ce dernier rougit un peu. En réalité, ce rougissement n'est pas caractéristique de la présence d'un acide (ou d'ions hydrogène) ; il est probablement provoqué par un phénomène de simple absorption (on en montrera le mécanisme dans un des chapitres suivants) — De plus, les analyses de ces divers précipités montrèrent une teneur centésimale en carbone supérieure à celle qu'indiquent les formules généralement admises pour les acides organiques du sol précédemment cités.

D'ailleurs, même en admettant l'existence de ces acides, on comprend aisément que, s'ils ne sont pas assez solubles pour être décelés par des indicateurs sensibles, il est peu probable qu'ils puissent avoir une action dissolvante en tant qu'acides sur les minéraux du sol. Il est plutôt vraisemblable que ces substances organiques, que l'on suppose acides, prennent un rôle important comme véhicules des éléments basiques. La cause en réside sans doute dans leur pouvoir absorbant et non dans leurs propriétés acides.

C'est ce même pouvoir qui permet aux couches de terre riches en humus d'accumuler, quand elles sont mouillées, de grandes quantités de gaz carbonique. L'action de ce gaz carbonique dissous expliquerait les observations de Storer (1) qui a relaté le cas d'une terre forte, très riche en humus, reposant sur une couche de terre blanche, entièrement dépourvue de fer. La terre supérieure, tout autour des racines de végétaux pourris, était moins colorée sans doute par suite de la disparition du fer qu'elle contenait.

Organismes vivants

Il n'est pas douteux qu'il ne se forme des acides dans la terre arable et que ces acides ne puissent parfois s'accumuler en quantités suffisantes pour acidifier les solutions du sol.

Des moisissures, des champignons, des bactéries d'espèces variées (2), peut être même des enzymes (3) et divers autres orga-

(1) *Agriculture*, 1887, vol. I, p. 131.

(2) Voir par exemple : Muntz, *Comptes Rendus*, 110, 1370 (1890) ; Lipman, Rapport de la Station à New-Jersey (1903), p. 217 ; Chester, Bulletin N° 66 de la Station expérimentale de Delaware, 1904 ; Hausen, *Centralblatt für Bakteriologie*. Iéna (Allemagne), 14, 545 (1905).

(3) On a montré plusieurs fois dans notre Laboratoire que beaucoup de sols (mais pas tous) agités avec une solution alcoolique de gaïac donnaient la coloration bleue des oxydases. Il n'était pas absolument certain que cette couleur fût bien due à des enzymes, mais on ne pouvait pourtant caractériser dans le sol aucune substance oxydante capable de donner cette réaction. Woods (Bulletin N° 18. *Bureau of Plant Industry*, du département de l'agriculture des Etats-Unis, p. 20) a montré dans ses travaux sur la maladie mosaïque du tabac la présence probable d'une peroxydase dans le sol. Nous en avons nous-même vu plusieurs, mais trop peu encore pour pouvoir donner le fait comme général.

nismes travaillent continuellement dans le sol et en modifient les substances organiques et inorganiques. Il y a souvent des acides dans les résidus de leur activité.

On croit souvent que les racines des plantes sont, en partie, la source de cette acidité : elles excréteraient des acides organiques et minéraux afin d'augmenter l'action dissolvante des liquides du sol.

Il est exact que lorsqu'on fait se développer des plantes dans des solutions aqueuses de sels ordinaires de laboratoire, les solutions nutritives deviennent souvent légèrement acides. Mais, à vrai dire, cette observation ne prouve pas que ces racines aient excrété des acides : il est très probable simplement que les racines doivent faire un choix parmi les éléments de la solution, c'est-à-dire parmi les ions qui proviennent des sels ; elles utilisent les bases et négligent les acides (1). Si au contraire on fait des solutions nutritives à l'aide de nitrates par exemple, on voit que la solution devient alcaline quand les plantes s'y développent.

On présente ordinairement la démonstration de l'exsudation d'acides par les racines de plantes en répétant l'expérience classique de Sachs (2), où l'on voit des corrosions sur des plaques de marbre ou de substances analogues quand il se développe des racines à leur contact. — Mais les recherches de Czapek (3) en particulier et de divers autres ont montré qu'il n'y avait pas de corrosions sur des plaques de phosphate d'alumine (substance non attaquée par l'acide carbonique dissous, quoique attaquable par divers autres acides organiques et inorganiques).— Kossovitch (4) a fait voir que les corrosions de la plaque de marbre de Sachs pouvaient s'expliquer très facilement par l'action de l'acide carbonique dissous. — Spring (5) a montré d'ailleurs que cet acide pouvait parfois agir de façon très caustique. — Pfeffer (6), dans une étude faisant autorité sur ce sujet, a conclu, il est vrai, que les lichens et peut-être même quelques autres plantes de plus grande dimension peuvent excréter par leurs racines des acides autres que

---

(1) Voir le Rapport N° 71 du Département de l'Agriculture U. S., 1902, p. 67 ; et Storer, *Agriculture*, 1887, vol. I, p. 192.

(2) *Experimental-Physiologie der Pflanzen*, 1887, p. 189.

(3) *Jahrbücher für Wissenschaftliche Botanik*. Leipzig, 29, 321 (1896).

(4) *Annales de la Science agronomique*. Paris (2) 1, 220 (1903).

(5) *Zeit. phys. chem*, 4, 658 (1889).

(6) *Physiologie des plantes*, 1900, traduit par Ewart, vol. I, p. 171.

l'acide carbonique. Mais cette observation ne démontre pas qu'il en soit de même pour les plantes d'organisation plus élevée, et, dans ce cas, l'explication des gravures de Sachs par l'intervention de l'acide carbonique est certainement très probable.

Au reste, que les racines excrètent ou non des acides, il n'est pas douteux qu'elles n'exercent une action pour favoriser la dissolution et la décomposition des minéraux du sol (1). Les débris de racines, de feuilles, de brindilles agissent de même (2).

Les vers de terre (3), les arthropodes et divers organismes plus ou moins analogues modifient aussi le sol à la fois mécaniquement par le transport des particules et surtout chimiquement par leurs excrétions. Les vers de terre ont une influence prépondérante suivant Anchald (4) qui, reprenant les travaux de Dusserre (5), a établi que leurs excréments contiennent, à l'état de composés plus oxydables, plus d'azote que le sol primitivement ingéré. L'acide phosphorique est devenu plus soluble ; il y a même augmentation de la proportion de carbonate de chaux.

Le dépôt de poussières provenant de l'air, les effets du labour, l'action de l'homme et des animaux modifient encore considérablement les terres arables et, par conséquence plus ou moins directe, les solutions qu'elles contiennent.

Mais nous ne nous étendrons pas davantage ici sur ces actions (6).

ABSORPTION

Adsorption

Les échanges qui s'effectuent entre les sols et leurs solutions sont de caractères très variés. Il est souvent difficile d'attribuer une cause à une modification donnée.

---

(1) Voir par exemple : Sestini, *Annales agronomiques*. Paris, 25, 399 (1899), et *Landwirtschaftlichen Versuch-Stationen*. Berlin, 54. 147 1900.

(2) Denaro, *Gazzetta Chimica Italiana*. Palerme (Italie), 16. 328, 1886.

(3) Darwin, *The formation of vegetable Mold*, 1898. p. 230.

(4) *Journal Agr. Prakt.* (3), 1902, p. 700.

(5) *Annuaire agricole de la Suisse*. 3, 25 (1902).

(6) Voir Merril, *Rocks, Rock Weathering and Soil*, p. 292 : Van Hise, *Monography*, XLVII, *United States Geological Survey*. 1904, p. 427 ; Shaler, 12e rapport annuel, *Action and Reaction of Man and the Soil*, 1890-91. p. 329.

La dissolution d'un minéral dans l'eau constitue un de ces échanges. Généralement les solutions qui se forment sont assez étendues pour qu'il y ait hydrolyse, et il en résulte une modification de la substance dissoute.

. Il est très possible qu'il y ait aussi modification du minéral en place, lorsqu'il y a dans la solution des sels ayant une autre base ou un autre acide. C'est ainsi que l'on peut représenter la transformation d'orthose en albite par l'équation.

$$KAlSi^3O^8 + NaCl = NaAlSi^3O^8 + KCl$$

Nous avons étudié cette transformation en détail, dans les pages qui précèdent.

Mais il est une autre modification générale, l'*adsorption*, qui se produit après les phénomènes de la dissolution et de l'hydrolyse. On entend par *adsorption* le phénomène consistant dans la différence de concentration ou de densité qui s'établit entre la pellicule liquide attenant à un milieu de séparation et la masse du liquide. On a observé, en effet, des différences, que cette surface de séparation soit solide ou gazeuse.

C'est ainsi que Zawidski (1) a pu montrer que l'écume formée par barbotage d'air dans une solution aqueuse d'acide chlorhydrique ou acétique additionnée d'un peu de saponine était plus concentrée que la solution primitive.—Miss Benson (2) a trouvé que l'écume de solutions aqueuses d'alcool amylique était plus riche en alcool que les solutions. Spring (3) a fait voir qu'il y avait une activité chimique particulièrement intense au voisinage des surfaces qui limitent des solutions, dans les bulles, par exemple.

Des modifications physiques très importantes prennent naissance quand on accroît la surface d'un liquide.

Pouillet (4) montra le premier qu'il y a dégagement de chaleur quand on humecte des poudres organiques ou minérales, très finement pulvérisées, avec de l'eau, de l'alcool, de l'acétate d'éthyle

(1) *Zeit. phys. chem.*, 35, 77 (1900).

(2) *Journal of Physical Chemistry*, 7, 532 (1903).

(3) *Zeit. phys. chem.*, 4, 658 (1889).

(4) *Annales de chimie et de physique*, Paris, 20, 141 (1822); *Gilb. Ann.*, 73, 356 (1823).

ou de l'huile. — Junk (1) trouva qu'au-dessus de 4° C. l'eau déterminait, dans des expériences analogues, une élévation de température. Si la température de l'eau était inférieure à 4° C., il y avait abaissement. Ces faits ont été expliqués par l'augmentation de densité du liquide à la surface des particules de ces poudres. — Des expériences plus récentes de Meissner (2) indiquent que la température peut s'élever, même si elle est au début de 0° C.

Lagergren (3) a calculé la pression de l'eau à la surface d'un solide, dans le cas où se révèle une augmentation de densité. Il a trouvé que cette pression doit être supérieure à 6000 atmosphères.

Spring (4) a aussi remarqué que les densités des corps sont variables, et que la quantité d'eau nécessaire pour remplir les interstices d'une masse donnée de sable est plus grande que celle qu'on peut prévoir dans l'unique hypothèse de lui faire occuper les espaces remplis par l'air. Ce fait a été attribué à l'augmentation de la densité des couches aqueuses en contact avec le solide. — Notons ces expériences, en passant, pour nous souvenir que la méthode ordinaire de détermination de la densité de poudres et de corps poreux, par addition d'un liquide de densité connue, contient des causes d'erreurs. Le liquide remplit les interstices, et la densité de la substance pulvérulente paraît être supérieure à la densité de la même substance en fragments massifs.

Les expériences de Rose (5) démontrent bien ce fait que le degré de finesse modifie la densité des corps. Ainsi, de l'or en poudre fine a une densité de 20,71, tandis qu'en plaques sa densité est seulement 19,49. La barytine pure a une densité de 4,48, tandis que le sulfate de baryte précipité a une densité de 4.52. Cet accroissement de la densité d'un liquide dans le voisinage de sa surface concorde avec les expériences de Bunsen (6) qui estimait qu'à la surface du verre la pression que subissait une pellicule aqueuse était plusieurs fois supérieure à la pression atmosphérique ordi-

(1) *Pogg. Ann.*, 125, 292 (1865).
(2) *Wied. Ann.*, 29, 114 (1886).
(3) *Bihang-till K. Sv. Vet Akad. Handl.*, 24. afd II, 1898.
(4) *Mémoires de la Société géologique belge*, 17, 13 (1903).
(5) *Pogg. Ann.*, 125, 292 (1865).
(6) *Wied. Ann.*, 29, 114 (1886).

naire. — On a démontré que cet énorme accroissement de pression était dû à l'augmentation du coefficient de solubilité de l'acide carbonique dans l'eau (il devient environ 2000 fois plus grand). Mais on peut en donner une autre explication : le verre peut libérer une partie de son alcali, qui se combine alors chimiquement avec l'acide carbonique.

Un phénomène que l'on confond parfois avec l'adsorption est le pouvoir qu'ont divers solides d'absorber certaines substances et non d'autres, qui se trouvent pourtant dans la même dissolution. Un tel *pouvoir absorbant* est donc sélectif. C'est quelque chose de comparable, par exemple, au pouvoir dissolvant sélectif de l'eau qui dissout le nitrate de baryum et non le sulfate de baryte. Dans le cas de l'absorption d'une substance par un corps solide, il y a formation d'une solution solide (1). Mais il faut remarquer qu'une telle pénétration d'un solide par une substance qui se dissout à l'intérieur du solide est un phénomène très lent qui dépend de l'importance des surfaces de contact. Les matériaux absorbés demeurent concentrés à la surface du solide, et il s'ensuit que ce phénomène ne semble pas différer très sensiblement de celui de l'adsorption.

Théoriquement, le seul caractère qui différencie l'adsorption semble être le temps exigé pour la séparation des substances adsorbées : il est beaucoup moindre que dans le cas de substances formant une solution solide. Avec ces dernières, si on ajoute de l'eau, il se fait des échanges lents tendant vers une répartition déterminée du corps dissous, entre les deux solvants, l'un solide, l'autre liquide. Comme on ne connaît pas de méthode certaine pour différencier ces phénomènes, nous les appellerons tous deux *absorption* et nous restreindrons le terme *d'adsorption* au sens de variation de concentration et de densité d'un liquide à la surface d'un solide. On n'appellera pas adsorption les modifications dues au rétablissement de l'équilibre lorsqu'il y a eu modification du minéral lui-même. Il n'est pas possible, en effet, de distinguer par l'analyse chimique des phases solide et liquide ces phénomènes d'adsorption et d'absorption.

---

(1) Il faut entendre en particulier que le terme *solide* n'est pas employé ici dans le sens restreint proposé par Tammann, c'est-à-dire signifiant seulement des substances cristallines.

Absorption des gaz

On a fait de nombreuses recherches expérimentales pour étudier l'absorption des gaz par les solides. Il suffit, ici, d'indiquer l'importance de cette absorption et l'influence des variations de pression et de température.

On peut déduire des résultats rassemblés par Pfeiffer (1) que de mêmes variations de pression amènent des variations à peu près équivalentes de gaz absorbés. La chose est certaine pour diverses variétés de charbons. — Récemment Hoitsema (2) a étudié l'absorption de l'hydrogène par le palladium : il a vu que l'accroissement de la pression amenait l'absorption d'une quantité de gaz plus grande, mais il n'a pu établir la loi de cette corrélation.

Dans les cas étudiés, l'élévation de la température diminuait la solubilité des gaz. — C'est ainsi que Pfeiffer a trouvé que l'absorption de l'ammoniaque par le charbon de bois diminuait de moitié environ par chauffage de 0° à 70° C. Celle du cyanogène diminuait d'environ 1/4 seulement pour le même écart de température. L'absorption de l'hydrogène par le palladium suit la même loi. — Les résultats trouvés par Hoitsema (3) sont très intéressants, mais on y observe des phénomènes dont on n'a pu donner encore aucune explication satisfaisante.

Reichardt et Blumtritt (4) ont déterminé les quantités de gaz absorbées par diverses substances avec lesquelles on les met en contact. Le tableau ci-dessous donne quelques uns de leurs résultats :

---

(1) *Uber die Verdichtung von gasen durch feste Korper ; Inaug. Diss. Erlangen*, 1882.

(2) *Zeit. phys. chem.*, 17, 1 (1895).

(3) *Loc. cit.*

(4) *Journal für Praktische Chemie*. Leipzig, 98, 476 (1866).

Absorption des gaz de l'atmosphère par diverses substances

SUBSTANCES	Centimètres cubes de gaz absorbés par 100 gram.	VOLUME POUR CENT		
		Azote	Oxygène	Gaz carbonique
Charbon séché à l'air	164	100	»	»
Tourbe	162	44	5	51
Terre de jardin	14	65	2	33
$Fe(OH)^3$ séché à l'air	375	26	4	70
Fe^2O^3 calciné	39	83	13	4
$Al(OH)^3$ séché à l'air	69	41	»	59
Alumine séchée à 100°	11	83	17	»
Argile	33	65	21	14
Argile humide	29	60	6	34
Sable de rivière	40	68	»	32
Carbonate de magnésie	729	64	7	29
Gypse pulvérisé	17	81	19	»

On voit dans ce tableau que l'azote est absorbé en proportions plus grandes que l'oxygène, ce qui montre le pouvoir absorbant sélectif de ces substances.

On sait, en outre, que le charbon de bois poreux absorbe de grandes quantités de gaz provenant de la putréfaction de substances animales et que la terre peut absorber presque indéfiniment les odeurs des excréments. — Ammon (1) a étudié l'absorption des gaz par les divers constituants des sols : il a trouvé que la vapeur d'eau et les gaz ammoniacaux étaient absorbés de façons différentes par le sable, le silicate d'alumine, le carbonate de chaux, l'oxyde de fer hydraté, le gypse, l'argile et l'humus. — Scheermesser (2) a avancé que la proportion d'acide carbonique absorbée

(1) *Bied. Centr.*, 1879, p. 511.
(2) *Inaugural Dissertation.* Iéna, 1871 ; référence : *Centralblatt.* Berlin, 1871, p. 462.

par un sol sec est proportionnelle à sa teneur en oxyde de fer ; mais c'est là une généralisation qui ne repose que sur un nombre trop restreint d'observations.

Absorption des corps dissous par le sable

Au point de vue de la chimie des sols, l'absorption des substances dissoutes par les solides est plus importante que celle des gaz, le gaz carbonique étant mis à part. On n'a guère fait sur ce sujet que des expériences qualitatives, car les conditions de ces expériences ne sont pas aisément réalisables.

Way (1) a étudié l'absorption de certains sels par du sable, et il a trouvé qu'il existait un excès d'éléments basiques à la surface des grains de sable. Cet auteur fait une distinction entre ce phénomène et celui de la capillarité. Il soutient que ce dernier s'exerce sur le sel entier et non sur l'une de ses parties basique ou acide. Il a remarqué aussi que l'argile absorbait la potasse de solutions aqueuses, phénomène dont la cause devait être la formation d'aluminates, de silicates, ou d'un mélange des deux. Ce devait être là la cause de la concentration de ces substances à la surface des grains d'argile non modifiés. Dans son travail, Way mentionne diverses expériences antérieures qui méritent d'être citées à nouveau ici : — On sait, depuis des siècles, que les sables possèdent un pouvoir absorbant, et au temps de Bacon déjà on savait dessaler de l'eau de mer en la filtrant sur du sable ou de la terre. — Le Docteur Stephen Hales relatait en 1739 à la Société Royale que les premières portions d'eau de mer traversant les parois de citernes de pierre étaient douces. — Berzelius, filtrant des solutions salines à travers du sable, remarqua que le sel était complètement retenu. — Matteucie, étudiant la concentration de divers sels après passage dans plusieurs filtres successifs, trouva que cette concentration diminuait progressivement. — D'ailleurs, même à l'époque d'Aristote (2), on savait que l'eau de mer et les eaux impures pouvaient être purifiées par passage dans des filtres à sable.

---

(1) *Journal of the Royal Agricultural Society of England*. Londres, 11, 313 (1850).

(2) Voir Sachsze. *Lehrbuch der Agriculturchemie*, 1888, p. 146.

Absorption de substances dissoutes par du papier

De nombreuses expériences ont eu pour objet d'étudier le phénomène de l'absorption dans du papier.

Schœnbein (1), le premier, plongeait des morceaux de papier dans diverses solutions et déterminait le rapport entre la hauteur de l'eau et celle des solutions. Comme le pouvoir absorbant s'exerce sur les sels et les substances organiques, il y avait une ascension beaucoup moindre pour ces substances que pour l'eau pure. En absorbant par du papier une solution rouge de tournesol, contenant seulement un très petit excès d'acide libre, on put voir que le haut de la partie mouillée devenait bleu. La cause devait en être l'absorption préalable de l'acide par le papier.

Goppelsröder (2) s'est servi de ces études pour obtenir une séparation de diverses teintures. Nous ne citerons qu'une seule de ses nombreuses expériences Il utilisait des papiers dont le pouvoir absorbant était différent pour diverses teintures, et il put séparer une substance rose, probablement la fuchsine, de l'azuline commercial; cette dernière teinture perdait sa couleur violette et devenait bleu franc.

Baylet (3) remarqua que, lorsque l'on fait tomber des gouttes de certaines solutions sur des papiers filtres, il y a séparation de l'eau qui se dispose en cercle autour d'une solution plus concentrée que la solution initiale. Il remarqua aussi que plus la solution est diluée, plus la quantité d'eau qui se sépare est grande. En outre, l'élévation de la température, une texture moins serrée du papier augmentent la mobilité du corps dissous et par suite les effets de l'absorption.

Lloyd (4) a déterminé les proportions relatives qui pouvaient ainsi se séparer des dissolutions de divers sels. Il a trouvé que tandis qu'avec le chlorure de sodium on ne pouvait observer

---

(1) *Verhandlung d. Naturforsch. ges. in Basel*, 3, 249 (1861-63); *Pogg. Ann.*, 114, 275 (1861).

(2) *Ibid*, 3, 263 (1861-63); *Mitteil d. techn. gewerbemuseums*. Wien (1889).

(3) *Journal of the Chemical Society*. Londres, 33, 304 (1876).

(4) *Chemical News*. Londres, 51, 51 (1885).

aucune séparation, celle-ci était plus ou moins nette avec l'acide sulfurique, le sulfate ferrique, les sels d'argent, de plomb et de mercure.

Récemment, Trey (1) a repris ces mêmes expériences pour obtenir une séparation qualitative du cadmium et du cuivre : il rend la solution de ces deux corps alcaline en y ajoutant un excès d'ammoniaque et il dilue jusqu'à ce que la teinte ne soit plus qu'un bleu à peine visible. On étale plusieurs gouttes sur un papier filtre ; en suspendant ce papier encore humide dans de la vapeur de sulfure d'ammonium, on peut voir alors trois cercles concentriques : l'extérieur, constitué par de l'eau qui s'est séparée des deux métaux ; puis un cercle jaune de sulfure de cadmium CdS (le cadmium ayant cheminé plus loin que le cuivre) ; et au centre, un rond noir formé par un mélange de sulfure de cuivre et de cadmium.

Dans ces expériences on a remarqué que d'ordinaire l'eau cheminait plus vite que la solution ; il s'ensuit qu'en mettant ces solutions dans un filtre les premières parties de liquide qui passent sont moins concentrées que les autres. — Vriens (2) a trouvé que les choses se passent bien ainsi quand on filtre de l'acide nitrique dilué à travers plusieurs papiers filtres. Il remarqua que l'absorption de l'acide (mesurée par la diminution de concentration) était proportionnelle au nombre des papiers employés.

La proportion de substance absorbée doit être due à la variation de la tension superficielle par suite de la présence du corps dissous. Voici une citation de Thomson (3).

Si la tension superficielle augmente quand on ajoute un sel, on remarque qu'il y a moins de ce sel par unité de volume de la pellicule liquide que par unité de volume de la masse du reste du liquide. Mais si l'addition du sel amène une diminution de cette tension superficielle, on trouve au contraire plus de sel dans l'unité de volume de cette pellicule que dans l'unité de volume du reste de la masse du liquide. Nous avons remarqué que la tension superficielle d'une solution, en contact avec un solide, diminue à mesure que le titre de cette solution augmente : la pellicule liquide, en contact avec un solide, contient plus de sel par unité de volume que la masse même du liquide. En

(1) *Zeit. anal. chem.*, 37, 743 (1898).

(2) *Zeit. phys. chem.*, 31, 230 (1899).

(3) *Applications of Dynamics to Physics and Chemistry* (1888), p. 191.

plongeant par exemple un morceau de papier filtre dans une semblable solution, on voit que celle-ci va se concentrer dans le papier. Si encore on fait écouler cette solution par un tube capillaire, on peut voir que le sel a une tendance à s'écouler par là, tandis que le centre du liquide s'appauvrit de plus en plus. On peut citer plusieurs expériences pour montrer ce phénomène ; il en est une due au Dr Mouckmann et à moi-même, au laboratoire Cavendish : après avoir coulé goutte à goutte sur de la silice finement divisée, une solution de permanganate de potasse passait presque entièrement décolorée. Si, d'autre façon, on plongeait un morceau de papier filtre dans une solution colorée d'un sel, dans du permanganate de potasse, par exemple, on voyait qu'après s'être quelque peu élevée dans le papier filtre, cette solution devenait incolore. Mais si on ajoutait un peu d'huile de paraffine à l'eau, la tension superficielle de la solution au contact du solide devenait plus grande que celle de l'eau et l'on voyait au contraire cette même solution se concentrer quand on la faisait passer sur de la silice finement pulvérisée.

Nous avons pu montrer que le papier a un pouvoir absorbant sélectif, à l'aide de solutions aqueuses de teintures ; on en employa trois. La première était du *bleu de méthylène* (le *vert malachite* et divers autres colorants auraient pu être utilisés de la même façon). La seconde était de l'*éosine* ou mieux son sel de sodium, à cause de sa plus grande solubilité. Enfin, la troisième solution était un mélange des deux premières. Il y avait un témoin constitué par de l'eau pure.

On prit 4 morceaux de papier buvard, exempts de colle, aussi identiques que possible, que l'on maintint verticalement et dont chacun pouvait être amené exactement au contact de la surface de l'une des solutions. On s'arrangea pour pouvoir établir tous ces contacts exactement au même instant.

Après un temps déterminé, il fut possible de voir que la hauteur de l'ascension du liquide, par capillarité, était maxima dans le papier imbibé d'eau pure. C'est ce que l'on voit dans la figure 2, sur le feuillet N° 1.

La hauteur d'ascension était moindre dans le feuillet en contact avec la solution d'éosine et on voyait, en outre, que l'éosine s'était moins élevée que l'eau. On le comprend aisément par le schéma du feuillet N° 2.

Avec la solution de bleu de méthylène l'eau s'était élevée à une hauteur beaucoup moindre que dans le feuillet 1, et la hauteur d'ascension du bleu de méthylène était presque insignifiante.

Enfin, sur le feuillet 4, on voit le résultat du mélange des solutions de bleu de méthylène et d'éosine. On y peut remarquer que ni l'eau ni l'éosine ne se sont élevées aussi haut que l'éosine seule, mais que le bleu de méthylène s'est élevé plus haut que dans

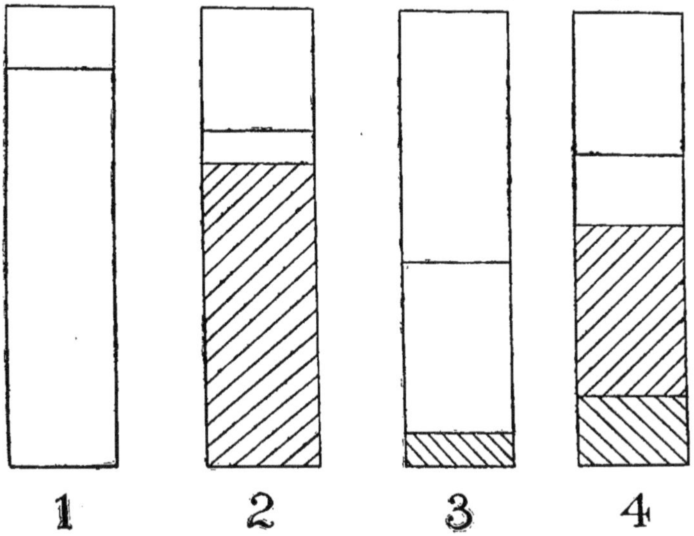

Fig. 2. — Schéma représentant l'ascension de solutions colorées dans des bandes de papier buvard.

le cas où il était seul. On peut estimer que ces différences tiennent, au moins en partie, à l'effet produit par ces différentes matières organiques, qui doivent d'ailleurs se modifier beaucoup réciproquement. On a, en effet, obtenu des résultats exactement semblables à l'aide d'autres matières absorbantes : porcelaine dégourdie, tubes remplis de coton hydrophile ou de terres quelconques.

On a constaté aussi que l'absorption était plus nette avec les terres qu'avec toutes les autres substances employées. Comme dans les expériences de Thompson, déjà citées, la présence dans la dissolution d'autres substances solubles, en particulier d'alcools et de sels minéraux, modifiait très sensiblement la façon dont les teintures se séparaient des terres et des autres absorbants.

On a étudié la rapidité du cheminement des solutions dans du papier. Voici quelques expériences avec du sel de sodium d'éosine : on employa des morceaux de papier buvard de 1 pouce de large (0 m. 025) sur 8 pouces de long (0 m. 20), sur lesquels on marqua légèrement divers repères au crayon. On fit tremper l'une des extrémités dans la solution et on lut les hauteurs d'ascension au bout de temps donnés. Il y avait deux lectures chaque fois : 1° la hauteur d'ascension de l'eau ; 2° celle de la solution colorée.

(*Voir le tableau page 61*)

Dans la figure 3, la courbe 1 montre la hauteur à laquelle s'éleva l'eau pure après un certain temps. La courbe 2*a* montre la hauteur seulement mouillée et la courbe 2*b* la hauteur teintée, avec la solution à 5 gr. 82 par litre. Les courbes 3*a* et 3*b* montrent les hauteurs mouillées et teintées avec la solution à 11 gr. 64 par litre.

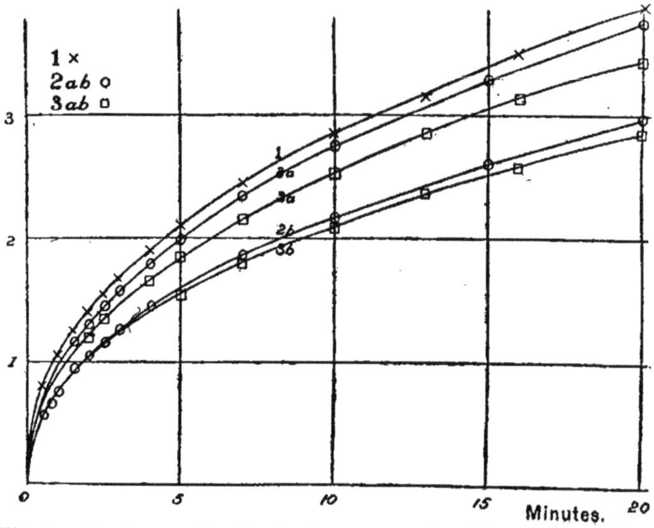

Fig. 3. — Courbes montrant les hauteurs auxquelles s'élèvent des solutions colorées dans du papier.

On peut voir par ces courbes que l'ascension de l'eau est gênée par la présence d'éosine sodique, et que l'augmentation de la concentration diminue proportionnellement cette ascension. La séparation de l'eau et de l'éosine est d'autant plus marquée que la concentration est plus faible. Enfin, on peut voir que ces courbes ont une forme parabolique, et par suite une équation de la forme

$$y^n = kt$$

Cette équation n'est qu'empirique, mais elle s'applique fort bien

Hauteurs d'ascension d'eau distillée et de solutions de sel d'éosine dans du papier buvard (1)

TEMPS EN MINUTES	Hauteur d'ascension de l'eau pure	Solution de sel sodique d'éosine à 5 gr. 82 par litre		Solution de sel sodique d'éosine à 11 gr. 64 par litre	
		Hauteur d'ascension de la solution non colorée	Hauteur d'ascension de la solution colorée	Hauteur d'ascension de la solution non colorée	Hauteur d'ascension de la solution colorée
	en pouces	en pouces	en pouces	en pouces	en pouces
0.0	0.0	0.0	0.0	0.0	0.0
0.25	0.59	0.5	0.42	0.46	0.41
0.5	0.80	0.67	0.55	0.66	0.59
0.75	0.94	0.84	0.65	0.79	0.70
1.0	1.06	0.99	0.75	0.91	0.81
1.25	1.16	»	»	»	»
1.5	1.25	1.16	0.95	1.09	0.95
1.75	1.34	»	»	»	»
2.0	1.40	1.31	1.05	1.21	1.06
2.5	1.54	1.46	1.16	1.36	1.16
3.0	1.67	1.58	1.26	1.50	1.27
4.0	1.90	1.79	1.44	1.66	1.44
5.0	2.10	1.99	1.60	1.85	1.56
7.0	2.45	2.35	1.85	2.16	1.81
10.0	2.86	2.75	2.16	2.52	2.10
13.0	3.16	»	»	2.85	2.38
16.0	»	»	»	3.13	2.59
20.0	3.84	3.72	2.97	3.45	2.84
25.0	4.21	4.40	3.46	3.77	3.16
30.0	4.52	»	»	4.10	3.38
40.0	5.09	4.92	3.89	4.58	3.80
50.0	5.52	»	»	»	»
60.0	6.00	»	»	»	»

(1) Nous transcrivons fidèlement les chiffres des auteurs, mais il est aisé de les transformer en mesures françaises, en se souvenant que le *pouce*, mesure linéaire, est la douzième partie du *pied* (valant exactement $0^{m}30479$). Cela fait donc $2^{cm}539$. Pratiquement on se contente de l'approximation 1 pouce = $2^{cm}5$. (*Note du Traducteur*).

aux résultats trouvés ; y représente les hauteurs, t les temps, n et k sont des constantes qui dépendent de la température, de la solution employée et de la substance à travers laquelle chemine le liquide.

On a mesuré ensuite de même à la température de 25° C. l'influence d'un sel, le chlorure de potassium, sur l'absorption de la même solution d'éosine.

Hauteurs d'ascension dans du papier buvard de solutions de chlorure de potassium pur et de chlorure de potassium mélangées d'éosine sodique.

Solution de KCl à 50 grammes par litre		Solution de KCl à 50 grammes par litre mélangée d'éosine sodique à la dose de 5 gr. 829 par litre	
Temps en minutes	Hauteur d'ascension	Hauteur de la solution incolore	Hauteur de la solution colorée
	en pouces	en pouces	en pouces
0.0	0.0	0.0	0.0
0.25	0.55	»	»
0.50	0.80	0.7	0.3
0.75	0.96	»	»
1.0	1.08	1.0	0.4
1.50	1.30	1.2	0.5
2.0	1.46	1.37	0.55
3.0	1.77	1.67	0.65
4.0	2.0	1.9	0.7
5.0	2.22	2.1	0.8
7.0	2.54	2.43	0.9
10.0	2.97	2.82	1.0
13.0	3.30	3.15	1.05
16.0	3.60	3.44	1.12
20.0	3.97	3.77	1.2
25.0	4.37	4.10	1.3
30.0	4.60	4.44	1.38
45.0	»	5.17	1.55

Ces résultats sont reproduits sur la figure 4 et l'on voit très clairement que l'effet du chlorure de potassium a été de diminuer sensiblement l'ascension des teintures dans le papier.

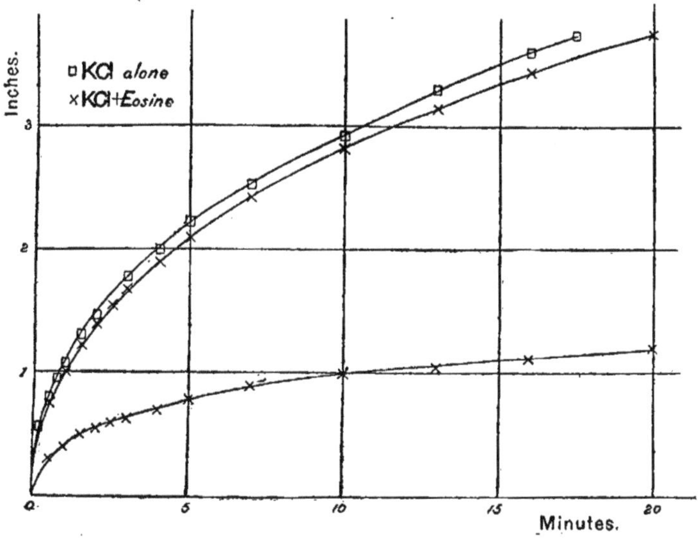

Fig. 4. — Courbes montrant l'influence de l'éosine sur les hauteurs auxquelles s'élève une solution de chlorure de potassium.

Nous avons donc démontré ainsi que les corps dissous n'agissent pas indépendamment les uns des autres ; mais la nature du rapport qui les relie n'a pas encore été établie.

Absorption de corps dissous par le charbon, la silice, le kaolin, etc.

On sait depuis longtemps que non seulement le papier, mais encore diverses substances, notamment le charbon, peuvent fixer des substances dissoutes dans des liquides.— C'est ainsi que l'action décolorante du charbon de bois a été découverte en 1791 par Lowitz (1). — Plus tard, Figuier découvrit que le pouvoir absorbant du noir animal était beaucoup plus intense. — Payen (2) démontra que non

(1) Voir Ostwald, *Stœchiométrie*, 1891, p. 1093.

(2) *Annales de Chimie et de Physique*, 21, 215 (1822).

seulement le charbon finement pulvérisé fixait la matière colorante, mais qu'il absorbait aussi la chaux. — Le phénomène de la décoloration fut attribué par Graham (1) à un pouvoir qu'aurait le carbone de concentrer à sa surface la matière colorante. Cette explication serait purement mécanique. Mais Graham a encore trouvé que le charbon peut absorber le métal de divers composés. Cela indiquerait qu'il agit à la fois mécaniquement et chimiquement. Il a observé ce phénomène pour des solutions d'acétate de plomb, nitrate de plomb, sulfate de cuivre, sulfate de cuivre ammoniacal, nitrate d'argent, chlorure d'argent ammoniacal, les oxydes de zinc et de plomb en solutions potassiques. Avec le nitrate d'argent, il vit même au microscope des particules métalliques d'argent dans le charbon. — Œchsner de Coninck (2) a trouvé qu'en filtrant des solutions de sels de métaux lourds sur du charbon, il y a rétention du métal et le filtrat est acide. Il a même obtenu une séparation quantitative de chlore, à l'état d'acide chlorhydrique, du chlorure ferrique. — Weffen (3) a montré que le carbone qui a déjà agi sur une solution de sulfate ferreux décompose une plus grande quantité de chlorure mercurique ou de sulfate de cuivre que dans le cas où il est pur. — Birnbaum et Bomasch (4) ont trouvé que parfois le noir animal absorbe une petite portion de l'ammoniaque des sels ammoniacaux, mais que dans d'autres cas il absorbe des proportions inégales des parties acides et basiques.

Des expériences qualitatives de Lieberman (5) ont montré qu'il y a des variations non seulement dans la concentration des solutions, mais aussi dans leur acidité ou leur basicité. Ainsi il a filtré, sur du noir animal, des solutions des divers sels que nous allons énumérer. Il a obtenu des solutions acides dont il a pu (au moins pour quelques-unes) séparer l'acide libre par distillation : Le sel de baryum de l'acide formé par oxydation de la glycérine par l'acide chromique, le formiate de baryum, l'acétate de soude, l'acétate de plomb, le glycolate de calcium, le lactate de zinc, l'oxalate d'ammonium, le tartrate sodico-potassique, le borate de soude

(1) *Pogg. Ann.*, 19, 139 (1830).
(2) *Comptes Rendus*. Paris, 130, 1627 (1900).
(3) *Ann. Phys. Chem.*, 55, 241 (1845); 59, 354 (1846).
(4) Dingler, *Polytechnisches Journal*. Stuttgart, 218, 118 (1876).
(5) *Wien Akad. Ber.*, 74, 331 (1877).

(prévu alcalin), le phosphate trisodique (prévu très alcalin), le phosphate disodique, le sulfate ferreux, le sulfate de cuivre, le nitrate d'argent et l'acétate de potasse. — Avec d'autres solutions dont voici l'énumération, il n'y eut pas de modifications portant sur l'acidité ou l'alcalinité, mais la concentration seule diminua par passage sur le charbon : chlorure, nitrate et sulfate de sodium ; chlorure, bromure, iodure, cyanure, sulfocyanate et sulfate de potassium ; chlorure de calcium ; nitrate et chlorure de baryum. — Avec l'acétate de morphine et le citrate de caféine, les premiers filtrats ne contenaient aucun corps dissous, mais au bout de quelque temps les acides libres commencèrent à passer.

En agitant du charbon dans une solution aqueuse d'acide chlorhydrique, Kelberin (1), travaillant sous la direction d'Ostwald, trouva qu'il s'établit une répartition des substances dissoutes, suivant un rapport parfaitement net, et les expériences faites en double donnèrent les mêmes résultats à 1 o/o près. Le rapport suivant lequel s'établit l'équilibre dépend de la concentration de l'acide vis-à-vis du charbon. Si on fait varier la concentration, la quantité d'acide absorbé par le charbon diminue en raison inverse de la masse d'eau.

Kroeker (2), étudiant la relation entre les phénomènes d'absorption d'une part et, d'autre part, le temps que dure le contact, a trouvé que le rapport suivant lequel se fait la répartition des corps dissous entre le charbon et le solvant n'est pas constant : il diminue quand la concentration de la solution augmente.

Schmidt (3), utilisant les résultats de Van Bemmelen (4), a cherché à montrer que le rapport suivant lequel se répartissent le sulfate, le nitrate et le chlorure de potassium, les acides sulfurique, chlorhydrique et nitrique, entre l'eau et la silice, était constant. — Ce résultat a été contesté par Van Bemmelen (5), qui affirme que le rapport suivant lequel une substance se répartit entre un solide et un liquide n'est pas forcément constant, lorsqu'il y a équilibre

---

(1) Voir Ostwald, *Lehrbuch der Allgemeine Chemie* (1891), p. 1096.

(2) *Uber die Adsorption geloster Korper durch Kohle, Dissertation*. Berlin (1892).

(3) *Zeit. phys. chem.*, 15 56 (1894).

(4) *Journal für Praktische Chemie*. Leipzig. 23, 324 (1881).

(5) *Zeit. phys. chem.*, 18, 331 (1895).

entre les solutions liquide et solide. Il est des solutions d'abord neutres qui sont devenues alcalines par passage sur du charbon.

Plus récemment, un important travail de Lagergren (1) a signalé que les proportions d'acides oxalique et succinique qu'un noir animal peut absorber, au bout d'un certain temps, sont toujours proportionnelles à la quantité maxima qu'il peut absorber. — Il trouva aussi que soit le solvant, soit le corps dissous pouvaient être absorbés et qu'il en résultait une concentration ou une dilution de la solution. C'est ainsi que des solutions de chlorures de sodium, de potassium et d'ammonium, ou de bromure d'ammonium, se concentraient après contact avec du charbon. Au contraire, des solutions de nitrates de soude, de potasse ou d'ammonium et de sulfate de potasse étaient plus diluées après ce contact. — Ce même auteur constate qu'il n'a pu révéler aucune modification dans l'alcalinité ou l'acidité des ces solutions. — Ces résultats ont été attribués par l'auteur à une augmentation de la densité du liquide à la surface du solide. Cette augmentation de densité implique un accroissement de la pression. Si, d'autre part, l'accroissement de pression entraîne un accroissement de la solubilité ou, en d'autres termes, si la solubilité s'accompagne d'une diminution de volume, on dira qu'il y a *absorption positive*. Dans le cas inverse, il y aura *absorption négative*.

Lagergren a calculé le degré d'absorption de la surface d'un solide, le rayon jusqu'où se fait sentir l'action moléculaire et la densité de l'eau quand la pression varie. Il a trouvé concordance dans la valeur calculée et la valeur absorbée pour du chlorure d'ammonium.

Des résultats analogues ont été obtenus en employant comme matière absorbante du kaolin et de la laine de verre. (Van Bemmelen (2) avait déjà vu l'absorption négative du chlorure de sodium par le kaolin). — Cushman (3) a employé de l'argile blanche de Chine comme matière absorbante. Il a trouvé qu'il y avait une diminution considérable des ions basiques des solutions de chlorures d'ammonium ou de baryum et de sulfate d'alumine. Il vit

(1) *Bihang-till K. Sv. Vet. Akad. Handl.*, 24, N° 4 (1898).

(2) *Zeit. anorg. chem.*, 23, 321 (1900).

(3) Bulletin N° 22 du Bureau de chimie du Département de l'agriculture (1905), p. 18.

qu'il pouvait y avoir absorption négative d'acide sulfurique, par suite de l'absorption considérable de l'eau des solutions de sulfate d'alumine qui se concentrent alors en acide sulfurique. Cushman pense que ce phénomène est dû à l'hydrolyse de l'acide libre qui existe toujours dans une solution d'un sel à base trivalente.

Nombreuses sont les substances qui possèdent un pouvoir absorbant plus ou moins grand. — Par addition d'oxyde de cuivre précipité,par exemple,les solutions de sels neutres de chlorure de sodium, chlorure ou bromure de potassium, deviennent basiques. Il y a absorption de l'acide par cet oxyde de cuivre qui devient vert. — Les expériences de Kellner (1) démontrent que le noir de platine absorbe de très petites quantités d'acides et d'alcalis, mais il les cède ensuite à l'eau qui le baigne. — Walker et Appleyard (2) ont démontré que l'acide picrique est absorbé par la soie quand il est en solutions aqueuses ou alcooliques, mais qu'il ne l'est point en solution dans le benzène. La nature du solvant joue donc un rôle important. On n'en voit pas d'explication dans les solubilités relatives de cet acide dans ces trois solvants ; en effet la solubilité dans le benzène est intermédiaire entre la solubilité dans l'eau et la solubilité dans l'alcool.

Plusieurs minéraux en poudre absorbent les matières colorantes des solutions avec lesquelles ils sont en contact.-- Clarke(3) a montré que très souvent l'eau qui a séjourné avec ces poudres devient alcaline. Quelques-unes, notamment l'orthose finement pulvérisé, ne rougissent pas la phtaléine que l'on y ajoute. La cause en est alors dans l'absorption de la couleur par la poudre elle-même. Si, en effet, on décante la solution claire et si l'on y ajoute alors seulement de la phtaléine, le rougissement se produit nettement. Il disparaît par seule addition d'un peu de poudre, mais on peut alors voir la couleur s'accumuler sur les particules solides. Il en résulte donc qu'il n'est pas possible de démontrer l'alcalinité d'une solution en y ajoutant de la phtaléine, tant qu'il subsiste de fines particules en suspension : ces dernières absorberaient seule l'indicateur. Citons en particulier le phosphate ammoniaco-magnésien qui absorbe aussi la phtaléine.

---

(1) *Ann. Phys. Chem.*, 57, 79 (1895).

(2) *Journal of the Chemical Society*. Londres, 69, 1331 (1896).

(3) Bulletin N° 167. *United Stated Geological Survey* (1900), p. 156.

La précipitation d'une solution neutre de chlorure de calcium par une solution alcaline de phosphate de potasse laisse un liquide acide au tournesol. Il est probable que l'explication réside dans ce fait que le phosphate bicalcique précipité a absorbé une partie des constituants alcalins et laisse la solution surnageante acide. Les solutions acides anormales observées par Cameron et Hurst (1), quand ils étudiaient les phosphates de fer et d'alumine en solutions avec divers sels, devaient probablement être dues à ces effets du pouvoir absorbant.

Dernièrement Hulett et Duschak (2) ont étudié la nature des précipités de sulfate de baryte que l'on trouve presque toujours plus lourds qu'ils ne devraient l'être. Ils ont attribué ce fait à la formation du composé $BaCl.HSO^4$. Si l'on attend longtemps, ou si l'on chauffe ce précipité, il se dégage de l'acide chlorhydrique, ce qui confirme la supposition que cet acide avait été absorbé à la surface du précipité. Il se dégage quand cette surface se restreint.

On a pu voir que les précipités de sulfate de baryum peuvent absorber plusieurs corps en dissolution. — Vanino et Hartl (3) l'ont remarqué pour les métaux colloïdaux. — Patten (4) pour les sels de nickel, cobalt, chrome, fer et manganèse. — Korte (5) a trouvé qu'aussi les précipités d'oxalate de chaux absorbaient l'oxalate de magnésie, même en présence de chlorure d'ammonium, et que l'oxyde de fer hydraté absorbait les hydroxydes de manganèse et de nickel. — Ostwald (6) a aussi attiré l'attention sur des cas analogues.

A une solution, neutre au tournesol, de sulfate de soude, nous avons ajouté du chlorure de baryum neutre aussi au tournesol à froid. Après dépôt du précipité, la solution surnageante était acide. Nous avons repris cette expérience en employant du sulfate de potasse au lieu de sulfate de soude : la solution surnageante fut alors alcaline. Donc, le sulfate de baryte précipité peut absorber certains

(1) *Journal of the American Chemical Society*, 26, 885 (1904).

(2) *Zeit. anorg. chem.*, 40, 196 (1904).

(3) *Bericht*, 37, 3620 (1904).

(4) *Journal of the American Chemical Society*, 25, 186 (1903).

(5) *Journal of the Chemical Society*. Londres, 87, 1503 (1905).

(6) *Foundations of Analytical Chemistry. Translated by M. Gowan*, 1895, p. 26.

des corps dissous dans la solution et la quantité relative d'acide ou d'alcali absorbé peut varier ; de plus, le milieu absorbant peut agir de façon très différente à l'égard des différentes bases et des différents acides.

Le coton hydrophile absorbe la potasse d'une solution de chlorure de potassium. C'est ainsi que l'on put placer un tube rempli de coton dans un vase contenant une solution de chlorure de potassium neutre au tournesol : après avoir traversé le coton de bas en haut, la solution était devenue nettement acide. Mais lorsqu'on substituait de l'acétate de potasse au chlorure de potassium, la solution, bien qu'il y eût un léger excès d'acide, devenait alcaline après son passage sur le coton. On obtenait les mêmes phénomènes en agitant simplement des tampons de coton dans des solutions de ces réactifs.

Les substances colloïdales ont enfin, à un haut degré, ce pouvoir absorbant. Dans de nombreuses publications, Van Bemmelen (1) a montré que tous les colloïdes peuvent absorber des substances organiques et inorganiques. Ils peuvent même n'absorber qu'une partie des substances salines et laisser la solution tantôt acide et tantôt basique. Le rapport suivant lequel la substance absorbée se répartit entre l'eau et le colloïde n'est pas constant; il dépend de la concentration de la solution.

Absorption par la terre arable

Sjollema (2) a employé diverses teintures pour étudier le pouvoir absorbant de la terre arable. Il a trouvé que ce pouvoir absorbant variait avec les divers constituants de la terre. Il s'est même basé sur ce fait pour identifier ces constituants. Pour lui, tous les constituants du sol (sauf les grains de quartz et les fragments minéraux) seraient des colloïdes et cela parce qu'ils absorbent des matières colorantes organiques. Cette définition des colloïdes comprend

(1) *Die Landwirtschaftlichen Versuchs-Stationen*, 35, 72 (1888) ; *Journal für Praktlische Chemie*. Leipzik, 23, 324 (1881) ; *Zeit. phys. chem.*, 18, 331 (1895) ; *Zeit. anorg. chem*, 13, 233 (1896) ; 18, 14, 98 (1898) ; 23, 111, 321 (1900) ; 30, 265 (1902) ; 35, 23, 338 (1904) ; *Archives néerlandaises des Sciences exactes*, La Hague (2), 6, 607 (1903).

(2) *Journal für Landwirtschaft*. Berlin, 53, 67 (1905).

ainsi beaucoup plus de corps qu'on ne l'admet généralement; elle s'applique en particulier au charbon, à la mousse de platine et à d'autres substances tant amorphes que cristallines, après leur pulvérisation.

Nous avons fait nombre d'expériences à l'aide de colorants et de sols variés. Tantôt on agitait en flacon un mélange du sol et de la teinture, tantôt on faisait couler ces solutions sur des colonnes de terre. Dans les deux cas, on obtenait de l'eau claire, au début de l'opération. Avec l'éosine, en particulier, l'entraînement de la couleur à travers la couche de terre était rapide, mais avec le bleu de méthylène, le vert malachite, ou quelques autres colorants, on observait un pouvoir rétenteur du sol tout à fait remarquable. On pouvait même se baser sur ces différences pour séparer un mélange d'éosine et de bleu de méthylène : la première de ces substances traversait rapidement une couche de terre, tandis que la seconde était entièrement arrêtée et fixée. Pour une teinture donnée, chaque sol avait une limite d'absorption déterminée ; c'est-à-dire qu'en versant lentement la solution sur un volume déterminé de terre il y avait un moment déterminé et fixe où le pouvoir absorbant pour la teinture cessait et où on voyait le liquide primitivement limpide filtrer coloré. Les déterminations de ce pouvoir absorbant pour les teintures, faites en double pour chaque sol, concordaient parfaitement.

Le nombre de terres que nous avons ainsi étudiées est encore trop restreint pour que l'on en puisse tirer des conclusions générales présentant quelque certitude. Néanmoins, il a paru que le pouvoir absorbant, pour une solution de bleu de méthylène, par exemple, donnait avec divers sols des chiffres d'un ordre à peu près semblable à ceux indiquant leur fertilité réelle. C'est ainsi que les sols lourds absorbaient plus de teinture que les sols légers ; les sols noirs, rouges ou bruns plus que les sols de couleur claire ; les sols riches en humus plus que les sols qui n'en contenaient point. Néanmoins il y a eu des exceptions nettes aux généralisations que nous avons essayées dans cette voie.

On put voir aussi que le traitement d'un échantillon de terre par une solution d'un colorant ne semblait généralement pas diminuer le pouvoir absorbant de cette terre pour un autre colorant. Mais, dans ce cas encore, il n'a pas été fait un nombre suffisant d'observations pour établir des règles générales. Une remarque importante a cependant été mise en lumière : bien qu'une teinture puisse être retenue par une terre de façon si énergique qu'aucune quantité appréciable n'en puisse être enlevée par l'eau, une autre substance absorbante peut l'enlever avec une facilité relativement grande. C'est ainsi qu'une terre traitée par une solution de bleu de méthylène, alors même qu'elle pouvait encore absorber beaucoup de ce colorant et qu'elle abandonnait à l'état incolore l'eau distillée qui la traversait, pouvait teinter un papier filtre ou un papier buvard avec lesquels on la mettait en contact.

Nous avons mesuré la hauteur à laquelle s'élevèrent diverses solutions dans des colonnes de terre sèche, et nous avons pu voir que les résultats étaient très analogues à ceux obtenus avec des bandes de papier. Nous avons employé d'abord deux colorants : la safranine et le bleu de méthylène. Ces substances n'étaient que peu absorbées par du papier ; nous voulons dire par là qu'elles ne s'élevaient qu'à une faible hauteur.

Le même phénomène se reproduisit avec les terres, et, bien que l'humidité s'élevât à 4 pouces (5^{cm}) environ, la couleur ne dépassa pas une hauteur de 1/4 de pouce ($0^{cm}6$). Nous avons pris trois tubes d'environ 0,4 pouce (1^{cm}) de diamètre interne, que nous avons remplis d'argile sèche de Penn, tassée aussi identiquement que possible, en frappant doucement sur l'extrémité du tube. Ces tubes furent ensuite mis en contact avec les liquides étudiés, et nous avons noté les hauteurs mouillées au bout d'intervalles de temps de plus en plus longs Nous n'avons pas pris de précautions pour maintenir la température constante pendant toute l'expérience, néanmoins toutes les lectures furent faites à des températures dont les écarts autour de 18°6 restèrent inférieurs à 0°2. Le tableau p. 251 montre les résultats que nous avons obtenus avec de l'eau, puis avec des solutions de safranine et de bleu de méthylène. Dans ces deux derniers cas, la matière colorante s'éleva si peu qu'il ne nous fut pas possible de mesurer son ascension.

On voit ainsi que la hauteur à laquelle s'élevait l'eau distillée était intermédiaire entre celles des deux solutions de safranine et de bleu de méthylène. Néanmoins, il n'y a pas de différences suffisantes pour que l'on en puisse tirer des conclusions générales. Il n'est d'ailleurs pas impossible que ces petites différences aient été dues à des différences dans le tassement de la terre des tubes. Il importe seulement de remarquer que la même formule $y^n = kt$, établie à propos de l'ascension d'eau et de solutions colorées, dans du papier, convient parfaitement au cas des sols.

Ascension d'eau distillée et d'eau limpide provenant de liquides colorés dans des colonnes de terre

Temps en minutes	Hauteurs d'ascension d'eau distillée	Hauteurs mouillées par une solution de safranine à 2 grammes par litre	Hauteurs mouillées par une solution de bleu de méthylène à 2 gr. par litre
	en pouces	en pouces	en pouces
1	0.30	0.35	0.35
2	0.45	0.50	0.60
3	0.62	0.65	0.73
4	0.73	0.75	0.83
5	0.80	0.83	0.88
7	1.0	0.95	1.05
10	1.15	1.10	1.25
15	1.42	1.33	1.55
20	1.62	1.53	1.83
30	1.95	1.82	2.15
40	2.32	2.15	2.49
50	2.57	2.35	2.72
60	2.80	2.60	2.96
75	3.08	2.87	3.25
90	3.35	3.13	3.52
105	3.62	3.45	3.77
120	»	3.65	3.90

Nous avons fait des expériences avec deux autres teintures : la *coralline* et le *carmin d'indigo*, qui s'élèvent beaucoup plus aisément dans le papier. Mais nous eûmes alors de grandes difficultés pour lire les hauteurs d'ascension : il y avait, en effet, des différences atteignant 1 pouce (2cm5), suivant les génératrices du tube. Nous nous sommes alors contentés de lire la hauteur moyenne. La chose était facile avec le tube à eau, car les différences n'excédaient pas 1/4 de pouce (0cm6). Les résultats ci-dessous furent obtenus avec de l'argile de Penn déjà utilisée dans les premiers essais, mais nous nous sommes aussi servis de limon fin du Podunk. La température demeura à 21°5 C.

Ascension d'eau distillée et de solutions colorées dans des colonnes de terre

Temps	Ascension d'eau distillée dans de l'argile de Penn	Argile de Penn Solution de carmin d'indigo à 2 gr. par litre		Argile de Penn Solution de coralline à 2 gr. par litre		Limon fin du Podunck Solution de coralline à 2 gr. par litre	
		Hauteurs mouillées	Hauteurs colorées	Hauteurs mouillées	Hauteurs colorées	Hauteurs mouillées	Hauteurs colorées
en minutes	en pouces	en pouces	en pouces	en pouces	en pouces	en pouces	en pouces
0.5	»	»	»	»	»	1.35	»
1.0	0.45	0.50	0.25	0.40	»	1.95	»
1.5	»	»	»	»	»	2.50	»
2.0	0.60	0.65	0.35	0.53	»	2.90	0.60
3.0	0.72	0 80	»	0.63	»	3.50	»
4.0	0.81	0.88	»	0.75	»	4.10	»
5.0	0.89	0.97	0.40	0.82	»	4.55	0.90
7.0	1.01	1.10	»	0.93	»	5.30	»
10.0	1.16	1.25	»	1.10	»	6.20	1.0
15.0	1.35	1.45	»	1.36	»	7.40	1.10
20.0	1.52	1.67	0.75	1.58	»	8.25	»
25.0	»	»	»	»	»	8.95	1.20
30.0	1.82	1.99	»	1.82	0.20	»	»
40.0	2.10	2.25	1.05	2.13	0.27	»	»
50.0	2.30	2.50	1.25	2.36	»	»	»
60.0	2.52	2.69	»	2.58	0.30	»	»
75.0	2.81	2.91	»	2.77	»	»	»
90.0	3.13	3.25	1.40	3.12	0.35	»	»
105.0	3.40	3.50	»	3.30	»	»	»

On voit, par ce tableau, qu'avec l'argile de Penn le sol a été mouillé de la même façon par les solutions colorées et par l'eau distillée. Ces résultats peuvent très bien s'exprimer par la relation $y^n = kt$. On remarque aussi qu'ils présentent des différences notables pour des types divers de sols. C'est ainsi que pour le limon fin de Podunk ils sont quatre fois plus grands que pour l'argile.

En général, les papiers semblent mieux absorber les solutions colorées que les terres; mais pour les substances alcalines c'est l'inverse qui se produit : fait fort important à considérer, étant donnée l'habitude que l'on a de vérifier la réaction des terres à l'aide de papier de tournesol mouillé.

On sait, en effet, que le tournesol bleu est le sel de sodium de la teinture rouge : en solutions aqueuses, ce sel est hydrolysé, et lorsqu'un papier qui en est saturé est mis en contact intime avec une terre, la base est absorbée par cette terre. Il ne reste ainsi que l'acide dans le papier, et celui-ci rougit.

Cette explication du rougissement du papier de tournesol par la terre peut encore être confirmée par d'autres expériences : si l'on enroule du papier de tournesol bleu très sensible dans du coton hydrophile mouillé d'eau distillée bien exempte d'acide carbonique, tout d'abord il ne se produit rien. Mais si l'on appuie légèrement sur le tout, de manière à assurer un contact intime, on voit, au bout d'une quinzaine de minutes, le papier devenir nettement rose, ce qui est une preuve d'acidité. — En plaçant deux tampons de ce même coton dans deux vases contenant l'un une solution de chlorure de potassium neutre au tournesol, l'autre une solution d'acétate de potasse acidifiée par un léger excès d'acide acétique, nous avons pu voir, après quelques minutes, que la première des liqueurs était devenue nettement acide (ce qui était visible par une addition nouvelle de tournesol). D'autre part, la seconde liqueur, celle d'acétate de potasse acide, était devenue nettement alcaline au tournesol et à la phtaléine. — Ces expériences démontrent donc que le rougissement d'un papier de tournesol peut-être dû à un véritable effet d'absorption.

On pourrait donc conclure de ces expériences que la seule preuve démonstrative de la présence d'un acide dans la terre doit être l'extraction directe par l'eau d'une solution contenant cet acide. Mais des expériences, citées plus haut, ont montré que les terres et les autres substances absorbantes absorbent les acides de façons variables. Il est très possible qu'un acide soit absorbé par le sol, sans qu'on puisse l'entraîner par l'eau, mais que du papier, meilleur absorbant de cet acide particulier, puisse parfois le séparer aisément.

Il est donc utile de se défier des notions qui prévalent aujourd'hui, et qui font admettre qu'il y a souvent des terres arables acides. On ne se base, en effet, pour l'affirmer que sur des réactions incertaines, et, par contre, presque toutes les extractions directes que l'on a pu faire des liquides du sol présentent ces liquides avec une réaction alcaline après qu'on les a chauffés en récipient de platine.

La plupart de nos plantes de grande culture peuvent supporter que le liquide qui les baigne ait une concentration en acides assez élevée. Le trèfle (1) néanmoins y est particulièrement sensible, et son développement est arrêté dès que le titre atteint un vingt-millième de l'acidité normale $\left(\frac{N}{20000}\right)$. Or nous avons observé nous-mêmes, et l'on nous a aussi montré, des cas où des cultures de trèfle se développaient à merveille dans des terres d'apparence très acide. La chose s'explique aisément en pensant que la mesure de l'acidité de ces terres avait été mal faite, et que l'on avait dû la confondre avec la mesure du pouvoir absorbant.

Il est même probablement inexact de croire que l'on peut apprécier l'acidité d'une terre en y ajoutant de l'hydrate de calcium, de l'ammoniaque, ou des solutions d'un autre alcali, jusqu'au moment où l'on voit virer au bleu du papier rouge de tournesol que l'on met en contact intime avec cette terre. On a, en effet, démontré que plusieurs de ces terres absorbent mieux les alcalis que le papier de tournesol. D'ailleurs, si l'on n'ajoute ces solutions que très lentement (l'absorption étant un phénomène qui n'atteint que lentement l'état d'équilibre), on est parfois stupéfait de voir que la terre peut fixer une quantité énorme d'alcali avant que l'on puisse déceler sa réaction alcaline par contact avec du papier de tournesol. Plusieurs expérimentateurs s'étaient aperçu de ce fait, mais sans en comprendre la cause.

Nous pouvons donc exprimer les conclusions des paragraphes qui précèdent par les affirmations suivantes :

Les sols sont des milieux absorbants exceptionnels.

Ils peuvent absorber d'importantes quantités de matières organiques diverses, et ils ont nettement un pouvoir sélectif.

---

(1) Cameron et Breazeale, *Journal of Physical Chemistry*, Ithaca, 8, 1 (1904).

L'absorption d'une substance organique donnée n'empêche pas l'absorption d'une autre; parfois même elle peut l'augmenter.

Les substances inorganiques sont également absorbées avec intensité, et le pouvoir sélectif des sols exerce son choix entre les électrolytes dissociés.

L'absorption des matières organiques est influencée par la présence de substances minérales. (La réciproque est d'ailleurs vraie).

Il est significatif de voir que les substances qui agissent le plus comme agents fertilisants, en particulier le calcium, le potassium, l'acide phosphorique, l'ammoniaque et les matières protéiques, sont justement celles sur lesquelles le pouvoir absorbant des sols s'exerce le plus.

Enfin, il n'est pas douteux que les réactions auxquelles on pourrait s'attendre entre les corps doivent être et sont incontestablement beaucoup modifiées quand il se produit en même temps des phénomènes d'absorption.

Réactions chimiques dues aux influences de surface

On sait depuis longtemps que la surface des corps modifie beaucoup les réactions chimiques, et tout le monde aujourd'hui convient de cette influence. Il nous semble néanmoins utile d'insister sur ce point par quelques faits.

Cayhuse et Thenard (1) ont les premiers mentionné l'influence des parois des vases sur la décomposition de l'acide hypochloreux.

Langer et Meyer (2) montrèrent que l'acide carbonique se dissocie beaucoup plus aisément, et à plus basse température, dans des récipients en porcelaine, que dans des récipients en platine.

Meyer et Freyer (3) firent voir que l'oxygène et l'hydrogène contenus dans un vase argenté s'unissent à une température qui est inférieure de plus de 250° C. à celle qui détermine leur combinaison dans un récipient de verre ordinaire.

Kooij (4) a trouvé que la *phosphine* se décomposait à peu près

(1) *Comptes Rendus*, 40, 935 (1855).
(2) *Pyrochemische Untersuchungen*, 1885, p. 64.
(3) *Bericht*, 25, 622 (1892).
(4) *Zeit. phys. chem.*, 12, 155 (1893).

trois fois plus vite dans un vase usagé que dans un vase neuf. — De même Cohen (1) a vu que la décomposition de l'*arsine* se faisait plus rapidement dans un récipient neuf que dans un récipient ayant été enduit d'arsenic.

Bone et Wheeler (2), Meyer et Krause (3), Meyer et Askenasy (4), Gautier et Hélier (5) ont trouvé que la nature des parois des vases influait très sensiblement sur l'union de l'hydrogène et de l'oxygène. —Berthelot (6) a montré que cette réaction était fortement influencée par de l'hydrate de baryte, des alcalis, du manganèse, etc., qui se trouvent souvent sur les parois des vases de verre.

Van't Hoff (7) a aussi montré l'influence des parois des vases et la manière dont ils agissent dans plusieurs réactions. Il conclut de son étude que l'influence des récipients dépend de leur nature et de leur surface.

Raymond et Sulc (8), Plyak et Husek (9) ont trouvé que l'inversion du sucre de canne était modifiée par les parois du vase où se fait l'inversion.

Urech (10) a montré que la réduction de la liqueur de Fehling dépend de la surface du récipient employé et de la quantité d'oxyde de cuivre se formant pendant la réaction.

Liebreich (11) cite une expérience de Monckman, dans laquelle il ne se formait pas de chloroforme par l'action d'alcalis sur du chloral, quand ces deux corps étaient mis en présence dans des tubes capillaires. Cependant toutes les autres conditions de la réaction se trouvaient réunies.

---

(1) *Ibid.*, 20, 303 (1896).
(2) *Journal of the Chemical Society*. Londres, 81, 538 (1902).
(3) *Ann. Phys. Chem.*, 264, 85 (1891).
(4) *Ibid.*, 125, 271 (1897).
(5) *Comptes Rendus*, 122, 566 (1896).
(6) *Ibid.*, 125, 271 (1897).
(7) *Etudes*, 1884, p. 55.
(8) *Zeit. phys. chem.*, 21, 481 (1896); 33, 47 (1900).
(9) *Ibid.*, 47, 733 (1904).
(10) *Berichte*, 15, 2687 (1882).
(11) *Berliner Sitzungsber*, 1886 p. 959: *Zeit. phys. chem.*, I, 194 (1887); 5, 929 (1890); *Pilosophical magazine and Journal of Science*. Londres, 23, 468 (1887); 29. 216 (1890).

Liebreich, Becquerel (1), Lieving (2), Lloyd (3), Dale (4), Spring (5), Bredig et von Berneck (6), Thomson (7) et d'autres encore ont donné de nombreux exemples de transformations et même de modifications complètes du caractère de réactions connues, lorsqu'elles se produisent en tubes capillaires.

Ostwald (8) a montré que la dimension des particules d'un solide mis à dissoudre avait une influence sur la solubilité. Ainsi il a trouvé que la solubilité de l'oxyde mercurique, très divisé, est plus grande que celle de ce même oxyde en poudre grossière. — Hulett (9) a démontré que la solubilité du gypse en poudre fine est de 20 o/o supérieure à celle du gypse en gros morceaux. — Ces différences de solubilité ont été attribuées à la différence de tension superficielle suivant que ces surfaces sont planes ou courbes.

On a tiré de ces travaux plusieurs des développements les plus curieux de la chimie théorique moderne, mais nous ne les discuterons pas ici. Les citations que nous avons faites sont seulement destinées à faire mieux comprendre la très grande importance des actions superficielles dans les réactions chimiques. Elles peuvent les modifier et même en provoquer d'autres. *Tant que l'on ne comprendra pas bien le mécanisme de ces phénomènes, ou que l'on niera même leur existence, il est certain qu'on ne pourra espérer aucun progrès important dans l'étude de la chimie des terres arables.*

Flocculation

Joint au phénomène de l'absorption, et dans une certaine mesure, parallèlement à lui intervient le phénomène de la *flocculation* (10) pro-

---

(1) *Comptes Rendus*, 65, 51, 720 (1867).

(2) *Proceedings Cambridge Philosophical Society*, 14, 370 (1883-1889).

(3) *Chemical News*, 51, 51 (1885).

(4) *Manchester Memoirs* (3), 10, 1 (1885).

(5) *Bulletin de l'Académie Royale Belge* (3), 30, 37 (1895); *Zeit. anorg. chem.*, 8, 424 (1895).

(6) *Zeit. phys. chem.*, 31, 258 (1899).

(7) *Applications of Dynamics to Physics and Chemistry* (1888).

(8) *Zeit. phys. chem.*, 34, 496 (1900).

(9) *Ibid.*, 37, 385 (1901).

(10) La *flocculation*, ou formation de flocons, est souvent appelée *coagulation* dans les ouvrages français. *(Note du Traducteur).*

voqué par diverses solutions. Les colloïdes et même certaines substances cristallines très finement pulvérisées sont précipités de leurs solutions quand on leur ajoute certains électrolytes. D'autres électrolytes, au contraire, diminuent la flocculation et peuvent même l'empêcher complètement.

On n'a établi qu'un fort petit nombre de lois générales à propos de la flocculation des plus fines particules de terre en suspension dans l'eau, mais cette même étude a été très fouillée avec les solutions colloïdales et les colloïdes en suspension. La cause en doit être sans doute dans la complexité très variable des fines particules de terre. Au contraire, on connaît à peu près la composition chimique des solutions colloïdales et des colloïdes en suspension, bien que la nature chimique exacte de ces composés nous échappe encore.

Barus (1) et Bodländer (2) ont prouvé, et la chose a été confirmée par Freundlich (3), que le pouvoir de flocculer des colloïdes n'appartient exclusivement qu'aux électrolytes.

En effet, de tous les non-électrolytes que l'on a expérimentés, on n'en a trouvé encore aucun qui soit capable de précipiter un colloïde de sa solution ou de sa suspension. Il semble que ce pouvoir de flocculation dépend d'un ion particulier pour chaque colloïde.

La flocculation des colloïdes par les électrolytes a été étudiée par Schulze (4), Hardy (5) et beaucoup d'autres. Ils ont trouvé que le pouvoir de flocculation de divers cathions dépend de leur valence. C'est ainsi que Schulze a trouvé que le pouvoir de flocculation de sels de métaux uni, bi ou trivalents est dans la proportion d'à peu près 1 : 30 : 1650.

Ces différences ont été imputées par Bredig (6) et Spring (7) à l'hydrolyse du sel. Or, celle-ci est d'autant plus grande que la valence du cathion est plus élevée. — Néanmoins, Linder et Picton (8), ainsi que Whitney et Ober (9), ont observé que les col-

(1) *American Journal of Science*, 37, 122 (1889).

(2) *Nach. K Ges. Wiss. Gottingen*, 1893, p. 267.

(3) *Zeit. phys. chem*., 44, 136 (1903).

(4) *Journal für Praktische Chemie*. Leipsik, 25, 431 (1882); 27, 320 (1883).

(5) *Proceedings of the Royal Society*. Londres, 66, 111 (1900); et *Zeit. phys. chem.*, 33, 385 (1901).

(6) *Anorganische Fermente*, 19..1, p. 15.

(7) *Bulletin Académie Royale Belge*, 1900, p. 483.

(8) *Journal of the Chemical Society*. Londres, 67, 63 (1895).

(9) *Journal of the American Chemical Society*, 23, 842 (1901); *Zeit. phys. chem.*, 33, 385 (1901).

loïdes floculés absorbent de petites quantités du métal hydroxydé; par suite la solution d'abord neutre devient légèrement acide. — Freundlich (1) a trouvé néanmoins que le pouvoir floculant des sels de baryum, qui sont à peine hydrolysés, est presque équivalent à celui des sels de glucinium et à celui du nitrate d'uranyle, qui tous s'hydrolysent à un très haut degré; ces derniers sels ont en outre un cathion bivalent ; par conséquent, le degré d'hydrolyse ne doit pas exercer l'influence qu'on a prétendu lui attribuer. Ce même auteur arrive à la conclusion que le pouvoir précipitant d'un ion dépend à la fois de sa valence, de sa rapidité de déplacement (dans le cas d'ions univalents) et de la nature spécifique de l'électrolyte.

Galcoth (2) a montré dernièrement que la précipitation de l'albumine d'œuf par une solution de sulfate d'ammoniaque était un phénomène entièrement réversible. En effet, il a vu que dans une solution saturée de ce sel toute l'albumine se trouvait précipitée. Mais en diluant avec de l'eau, l'albumine reparaissait à nouveau dans la solution. Par simple passage d'un courant électrique on a distingué les suspensions colloïdales en deux catégories : celles qui vont à la cathode et celles qui vont à l'anode. Les colloïdes qui se portent à la cathode sont précipités par les anions, et réciproquement.

Cette migration des colloïdes est tout à fait analogue à celle des électrolytes, et on a émis l'hypothèse que les colloïdes en solution sont en réalité des agrégats possédant de petites charges électriques (3). Celles-ci seraient contre-balancées par les ions portant des charges électriques de sens contraire. Il y a ainsi, semble-t-il, équilibre entre les deux, et l'addition d'un sel amène une perturbation en précipitant le colloïde qui entraîne toujours avec lui des ions de charge contraire.

Les deux catégories de suspensions colloïdales ainsi établies ont la propriété de se précipiter chacune de leur solution, quand on leur ajoute un peu d'un colloïde de la classe opposée. Le précipité est ainsi formé par un mélange des deux. — Linder et Picton (4) ont

(1) *Zeit. phys. chem.*, 44, 129 (1903).

(2) *Ibid.*, 44, 461 (1905).

(3) Duclaux [*Comptes Rendus*, 140, 1544 (1905)] pense que les agrégats d'une solution colloïdale peuvent être considérés comme des porteurs d'électricité.

(4) *Journal of the Chemical Society*. Londres, 67, 63 (1895).

trouvé qu'une solution de bleu d'aniline (allant à l'anode) précipite une solution de rouge de Magdala (allant à la cathode). — Freundlich (1) a vu de même qu'une solution colloïdale de sulfure d'arsenic (allant à l'anode) précipite une solution colloïdale d'hydroxyde de fer (allant à la cathode).

L'addition d'une solution d'électrolyte au précipité commun formé par deux colloïdes modifie le caractère de ce précipité, comme l'a montré des Bancels (2). On voit alors que le colloïde qui est habituellement précipité par l'électrolyte seul demeure en suspension et ne se précipite plus. Néanmoins, on a pu voir encore que si la concentration de l'électrolyte est très grande ou très petite, les deux colloïdes se précipitent. Il y a, sans doute, dans le premier cas une précipitation des deux colloïdes. Dans le second cas, la concentration élevée des ions positifs et négatifs du sel provoque la précipitation des deux colloïdes.

Bredig (3) a trouvé que l'addition de gélatine à *un colloïde en solution* augmente beaucoup la stabilité d'un métal *en suspension colloïdale*.

Mathews (4) pense que la précipitation des colloïdes par les électrolytes provient d'une altération de l'énergie superficielle du colloïde, et que le pouvoir précipitant de l'électrolyte provient de la tension des ions en solution. L'ion de signe contraire à celui du colloïde se précipite. L'ion de même signe n'est pas inerte, mais dans le cas d'albumine colloïdale d'œuf, il tend à dissoudre le colloïde. Mathews conclut ainsi que le produit de la concentration de l'ion précipitant par le coefficient de tension» est une constante. Il semble, en effet, que cette relation soit exacte dans le cas de l'albumine d'œuf.

La précipitation de corps solides finement pulvérisés, en suspension dans un liquide, est très analogue à celle des colloïdes. On a souvent remarqué dans notre Laboratoire, dont les robinets sont alimentés par de l'eau du Potomac, que cette eau a parfois une teinte foncée due à des matières en suspension. Il suffit d'y ajouter un acide ou un sel fort pour voir s'effectuer le dépôt de ces matiè-

(1) *Zeit. phys. chem.*, 44, 129 (1903).
(2) *Comptes Rendus*, 140, 1647 (1905).
(3) *Anorganische Fermente*, 1901.
(4) *American Journal of Physics*, 14, 203 (1905).

res. Par contre, l'addition d'une base, en particulier d'ammoniaque, retarde la floculation durant plusieurs mois. Les choses se passent de même pour presque toutes les fines particules de terres en suspension.

La floculation est généralement provoquée en ajoutant des électrolytes. — De Lucca et Ubaldini (1), puis Sobrero et Selini (2) ont remarqué que le précipité de soufre qui se forme quand on mélange des solutions aqueuses d'hydrogène sulfuré et d'anhydride sulfureux se dépose rapidement, si on y ajoute des sels alcalins ou alcalino-terreux — Stengl et Morawsky (3) ont confirmé ces résultats, et ont trouvé que les sels de potassium et de baryum précipitent le soufre à un état plastique, tandis que les sels de sodium, calcium et magnésium, le précipitent à l'état de flocons. — Ebell (4) a montré que les particules d'outre-mer finement pulvérisées étaient précipitées à l'état de flocons par addition de petites quantités d'hydroxyde, de nitrite, de sulfate, etc., de sodium. —Bodländer (5) a pu précipiter des suspensions de kaolin dans l'eau, en y ajoutant de petites quantités d'un électrolyte. Des proportions beaucoup plus élevées de non électrolytes n'avaient aucune action.

Thoulet (6) a émis la théorie qu'à la surface d'un solide il se formait une solution plus concentrée de l'électrolyte et celle ci était absorbée. D'où augmentation de la densité des particules jusqu'à leur précipitation.

Barus et Schneider (7) ont fait voir que l'intensité de la floculation dépend de la température, de la dilution et de la quantité de substance étrangère qui se trouve dans la solution.

Les observations faites sur la floculation des terres, rapportées par divers praticiens, sont contradictoires et très confuses.

On estime généralement que tous les acides provoquent la floculation. Cependant il a été possible de constater que certains sols acides, se mouillant très difficilement, deviennent très bourbeux, dès

(1) *Comptes Rendus*, 64, 1202 (1867).
(2) *Annales de Chimie et de Physique*. Paris (3), 28, 210 (1850).
(3) *Journal für Praktische Chemie*. Leipsik (2), 20, 76 (1879).
(4) *Berichte*, 16, 2429 (1883).
(5) *Jahrb. f. Min.*, 1893, II, p. 147.
(6) *Comptes Rendus*, 91, 1072 (1884).
(7) *Zeit. phys. chem.*, 8, 278 (1891).

qu'on les a humectés, et retiennent alors l'eau avec beaucoup d'énergie. — D'autre part, on croit généralement que les alcalis empêchent et détruisent même la flocculation, en remettant en suspension les substances flocculées. C'est ce que l'on constate dans les terres à *alcali noir*, où l'on trouve d'énormes quantités de carbonate de soude. En réalité, l'ammoniaque agit bien pour supprimer la flocculation, mais la chaux est à peine suffisante pour la permettre (1), bien que quelques savants faisant autorité aient affirmé qu'un grand excès de ce corps détruit la flocculation et provoque un nouveau mélange.

Hilgard (2) a trouvé que la flocculation des particules d'un sol était inversement proportionnelle à leur taille. Une élévation de température diminuerait cette flocculation. L'alcool et l'éther la diminueraient aussi. De même les alcalis, les sels neutres et les acides la provoqueraient. La chaux aurait la même action. Plus grande serait la densité des particules, moindre serait leur tendance à la flocculation. Ce même auteur appelle aussi l'attention sur les effets de l'*alcali* dans les régions arides, où il amène parfois l'imperméabilité du sol.

Enfin Whitney, dans ses premières publications, a beaucoup étudié la flocculation, et en particulier ses effets sur certaines récoltes dans un sol déterminé (3).

Il est probable, on le voit après la citation que nous venons de faire de ces quelques expériences utilisables, que la présence dans le sol de sels minéraux provenant de la désintégration des roches, doit influencer beaucoup la texture des sols.

La dilution très grande d'un électrolyte pouvant amener la précipitation de substances primitivement à l'état colloïdal ou non, mais d'une ténuité extrême. Il est infiniment probable que la présence de ces solutions salines très diluées a pour rôle de maintenir ouverts les interstices qui séparent les particules de terre. Ce phénomène est aussi très important, parce qu'il diminue la superficie des

(1) Voir Whitney. Bulletin N° 5 du Bureau des sols, 1896, p. 9.

(2) *Forsch. Geb. Agr. Phys.*, 2, 441 (1879).

(3) 4e Rapport annuel de la Station expérimentale du Maryland (1891), p. 258; Bulletin N° 4 du Bureau des températures du Département de l'Agriculture (1892), p. 80; voir aussi Wiley: *Principles and Practice of Agricultural Analysis*, I, 1894, p. 171.

minéraux exposée à l'action dissolvante des liquides du sol. Il se peut même qu'il modifie jusqu'à un certain point le pouvoir absorbant des terres.

DISCUSSION GÉNÉRALE ET RÉSUMÉ

Nous avons donc établi dans les pages précédentes, qu'en général:

1° *Les sols contiennent tous les minéraux communs des roches*. — Il pourrait y avoir, et il y a en effet, quelques cas isolés pour lesquels cette affirmation n'est pas absolument rigoureuse ; néanmoins on peut considérer qu'elle est suffisamment exacte pour toutes les terres arables.

Nous avons montré aussi que l'on peut justifier par beaucoup de faits la généralisation suivante :

2° *Il y a toujours au moins une partie de chacune des espèces minérales qui présente une surface libre sur laquelle l'action dissolvante des liquides du sol peut s'exercer.*

Il s'ensuit que :

3° *Les minéraux du sol se dissolvent de façon continue.* — En se dissolvant, comme ils sont constitués par des acides forts et des bases fortes, ils sont plus ou moins complètement hydrolysés. Généralement le produit d'hydrolysation le plus fort reste en solution, et le plus faible est plus ou moins complètement précipité. C'est grâce à ce mécanisme que les principales substances minérales servant de nourriture aux végétaux sont dissoutes et mises à leur disposition.

Nous avons déterminé avec une approximation que l'on peut considérer comme suffisante la concentration des liquides constituant à un moment donné l'humidité de terres arables. L'extraction de ces liquides a été faite par deux méthodes (1), et leur analyse a donné une teneur moyenne de 27,3 millionièmes de potassium (K) et 8,5 millionièmes d'acide phosphorique (PO^4), ces résultats se rapportant à des extraits obtenus avec divers types de terre d'origine et de composition très diverses. L'uniformité approximative de

(1) Bulletin N° 22. Bureau des sols du Département de l'Agriculture, 1903. — Briggs et M. Call, *Science*, 20, 566 (1904).

tous les résultats que nous avons obtenus nous permet de penser que les résultats que l'on pourrait trouver ultérieurement ne modifieront guère ces chiffres moyens.

Nous manquons jusqu'à ce jour de données très certaines sur ce que réclame la végétation à l'égard de la concentration de ces solutions salines nutritives ; en particulier nous ignorons presque entièrement quelles sont les concentrations optima (1). — Birner et Lucanus (2) ont pourtant trouvé, il y a plusieurs années, que l'on pouvait obtenir, jusqu'à maturité, de belles récoltes avec de l'eau contenant seulement environ 18 millionièmes de potassium (K) et 2 millionièmes d'acide phosphorique (PO^4). — Nous avons obtenu nous-mêmes un développement satisfaisant du blé avec de l'eau de la rivière du Potomac contenant environ 7 millionièmes de potassium. — Il semble donc que les terres peuvent en général livrer aux liquides qui y circulent une quantité d'aliments nutritifs suffisante pour le développement des plantes.

Cette conclusion avait déjà été avancée par Johnson (3), et beaucoup de savants l'ont appuyée depuis.

Elle a parfois pourtant été contredite : c'est ainsi que, dans une publication récente, Snyder (4) rapporte qu'il a essayé sans succès de faire croître des plantes dans du sable arrosé avec des eaux ayant lessivé des terres arables. — En opérant ainsi, il ignorait que le pouvoir absorbant relativement considérable des sols faisait que ces eaux de lessivage avaient toujours une concentration moindre que les solutions dont se nourrissaient les plantes qui vivaient sur ces sols. Il semble par suite légitime d'admettre que ces résultats négatifs obtenus exceptionnellement avec des cultures sur sable ne peuvent être opposés à ceux obtenus avec des cultures dans l'eau. Ces derniers sont très positifs, aisés à vérifier et beaucoup plus sûrs.

On a trouvé parfois que, lorsque du blé avait grandi durant quelques semaines dans une petite quantité de terre enfermée dans un récipient de paraffine (5), il y avait une diminution de la quantité

---

(1) Breazeale, *Science*, 22, 146 (1905).

(2) *Landwirtschaftlichen Versuchs-Stationen*. Berlin, 8, 128 (1866).

(3) *Comment les plantes se nourrissent*, 1884, p. 322.

(4) Bulletin N° 89. Station expérimentale du Minnesota, 1905.

(5) Bulletin N° 23 du Bureau des sols du Département de l'Agriculture des Etats-Unis, 1904.

de potassium et peut être aussi d'acide phosphorique enlevables à l'eau par une extraction de trois minutes. Cela indiquerait que dans de pareils cas, lorsqu'il n'y a que de petites quantités de terre, l'enlèvement des constituants des solutions du sol, par les plantes, se fait plus rapidement que leur restitution par dissolution des minéraux. La solubilité de ces minéraux demande beaucoup de temps avant d'atteindre un état d'équilibre. En outre, la teneur des solutions obtenues, en faisant réagir une certaine quantité de minéraux ou de terre et d'eau, est inférieure à celle qu'ont les liquides de toutes les terres arables, teneur qui se maintient même pendant les saisons où les plantes se développent : c'est ici le facteur temps qui intervient.

Nous avons indiqué dans une des pages précédentes qu'il y a un mouvement, lent sans doute, mais constant de l'eau des terres arables vers la surface. Ce mouvement est une conséquence de l'évaporation qui se produit à la surface : c'est un phénomène de capillarité, puisque les liquides du sol traversent des espaces capillaires soit en cheminant à travers les interstices des particules du sol, soit en constituant des pellicules liquides à la surface de ces particules.

Dans ce lent mouvement ascendant, le liquide du sol peut et doit sans doute entraîner, à l'état dissous, une quantité de plus en plus grande des produits de la dissolution et de l'hydrolyse des minéraux. Sa concentration grandit de ce chef. Elle est encore augmentée par l'évaporation dans les couches supérieures du sol, et les substances dissoutes viennent s'y accumuler. Tous ces phénomènes constituent ce que King a appelé *« l'entraînement capillaire »*. Il explique non seulement comment les solutions du sol conservent, dans la zone des racines, leur teneur constante grâce à la dissolution des minéraux qu'elles rencontrent, mais encore comment la concentration peut s'augmenter par l'accumulation, dans cette zone, des produits dissous à une certaine profondeur. Le transport de ces derniers produits peut être parfois très important.

D'autre part, la percolation et le drainage de l'eau traversant un sol après une pluie ou une irrigation sont des phénomènes dus à la gravitation, qui ne se produisent presque point dans les interstices capillaires ; ils se produisent surtout à travers les canaux plus larges que l'on rencontre aussi dans la terre. En outre, ces phénomènes *dus à la gravitation* constituent un mouvement vers les profondeurs du sol relativement beaucoup plus rapide que le *mouvement capillaire ascendant*. Il s'ensuit qu'il n'y a que des quantités faibles de substances dissoutes qui sont entraînées de haut en bas. Dès que l'évaporation recommence à la surface du sol, l'ascension de ces substances dissoutes recommence, et c'est à peine si elle est peut-être un peu atténuée.

C'est là la théorie de Méans (1) sur les eaux des terres arables. Elle donne l'explication du fait que les eaux de drainage, de puits et de sources, etc., ont généralement une concentration inférieure à celle des liquides nourriciers des sols. Cette théorie a été plusieurs fois démontrée par des expériences de laboratoire, à l'aide de colonnes de terre de diverses hauteurs. Ces expériences sont aisées à reproduire dans les cours, et elles constituent d'excellentes méthodes de recherche.

Mais, puisque tous les sols contiennent pratiquement les mêmes minéraux, puisqu'il s'y passe les mêmes phénomènes, il s'ensuit que l'on peut s'attendre à trouver dans tous une solution identique. (Il n'en faut excepter que les cas où interviendraient des différences exceptionnelles, dues au pouvoir absorbant des solides, à des mouvements d'eau, etc.). En réalité, les études que l'on a faites et publiées relativement à nombre de terres montrent empiriquement que les choses se passent bien ainsi. On a pu voir que les concentrations centésimales des constituants minéraux nutritifs pour les plantes variaient sensiblement, comme la chose était d'ailleurs à prévoir, mais les différences de valeur des variations absolues étaient toujours très faibles.

Cela permet de formuler la conclusion générale suivante :

4° *La concentration des solutions circulant dans les terres arables, en ce qui concerne les principaux éléments nutritifs pour les végétaux, suffit au développement des récoltes. En outre, cette concentration est pratiquement la même pour tous les sols.*

Dans les paragraphes précédents, nous avons insisté sur l'influence des phénomènes dus aux actions de surface : ceux-ci peuvent modifier non seulement l'intensité, mais encore la nature des réactions s'opérant dans les solutions. C'est d'ailleurs ce qu'ont bien compris aussi plusieurs expérimentateurs que nous avons cités.

(1) *Science*, 15, 33 (1902).

Dans une des dernières publications du Bureau des sols (1), on concluait que «*dans une ferme ordinaire, le grand facteur de contrôle pour la production des récoltes n'est pas la quantité de nourriture qui se trouve dans le sol à la disposition des plantes : ce doit être en réalité un facteur physique dont on ne connaît pas encore la nature exacte*». Bien que cette nature exacte ne soit pas connue, on en connaît de nombreux effets, et il n'est pas douteux que leur influence considérable n'amène à les étudier davantage désormais.

D'ailleurs, ce facteur physique ne modifie pas seulement les propriétés physiques des terres, mais il fait aussi partie essentielle de la chimie de ces terres. On ne peut, en effet, trop répéter que la chimie des terres n'est pas la même que la chimie ordinaire en récipients de laboratoire.

Intimement associée à ce sujet, se trouve aussi la question de la nature de la matière organique du sol.

Enfin, les solutions sont modifiées non seulement par les substances solides, mais encore par les substances dissoutes. Des recherches modernes ont donné des bases expérimentales très importantes à la théorie de l'effet des *excreta des racines et des organes aériens*. Ce n'est d'ailleurs là qu'une modification de ce qu'avait avancé de Candolle il y a bien longtemps, mais en l'appuyant de faits, il est vrai, insuffisants.

Il nous paraît ainsi possible d'énoncer la conclusion suivante :

Le développement d'une chimie moderne de la terre arable relève de l'étude des changements chimiques amenés par les contacts de surface, ainsi que de la recherche des propriétés des substances organiques et inorganiques du sol dissoutes dans l'eau.

(1) Bulletin N° 22, déjà cité.

TABLE DES MATIÈRES

TABLE DES FIGURES

1901. H. Lagatu. — **La décomposition des matières organiques dans la terre arable.** Revue bibliographique. Annales de l'Ecole. Prix franco. 2 fr. 50

1902. H. Lagatu et L. Sicard. — **Précis d'analyses volumétriques appliquées aux substances agricoles.** 1 vol. Prix franco .... 4 fr. 50

1903. H. Lagatu. — **Sur le résultat de l'extraction de l'huile des tourteaux alimentaires.** 1 broch. Prix franco .... 1 fr. 20

1903. H. Lagatu. — **L'étude des terres et les cartes agronomiques** (Etude analytique du Diluvium de Vendres et des marnes bleues de Montady). 1 broch. Prix franco .... 0 fr. 75

1903. H. Lagatu et L. Sicard. — **L'utilisation pratique de l'analyse des terres** (Etude analytique d'un schiste de l'Espinouse). Prix franco... 0 fr. 90

1904. H. Lagatu. — **Introduction philosophique au cours de chimie générale.** 1 broch. Prix franco .... 1 fr. 15

1905. A. Delage et H. Lagatu. — **Constitution de la terre arable:**

I. **Constitution de la terre arable.** 1 broch. in-8. Prix franco..... 1 fr.

II. **Réponse à une critique.** Extraits des *Comptes rendus de l'Académie des Sciences* 1901-1905...................................... *Epuisé*

III. **La terre de Ségala de Druelle** (Aveyron) **et sa roche d'origine.** 1 broch. in-8.. *Epuisé*

1905. H. Lagatu et L. Sicard. — **Etude analytique des terres de la plaine de Loyettes** (Ain). (Annales de l'Hydraulique et des Améliorations agricoles) (*Chez l'auteur*).

1905 L. Sicard. — **Etude comparative des méthodes d'analyse des engrais dans les divers pays.** Prix franco .... 2 fr. 50

1906. L. Sicard. — **Nouvelles méthodes officielles d'analyses des engrais usitées en Italie.** 1 broch. in-8.. *Epuisé*

1906. G. Müff, professeur départemental d'agriculture du Tarn. — **La reconstitution du vignoble dans les terrains difficiles du Tarn.** 1 broch. in-8. Prix franco.. 1 fr.

1906. A. Delage, H. Lagatu, L. Sicard. — **Etude analytique de terres arables formées par le schiste sériciteux granulitisé** (domaine du Pont-de-Larn, Tarn).

G. Müff. — **Instructions pratiques pour l'exploitation du domaine du Pont-de-Larn.** 1 broch. in-8. Prix franco.................. 1 fr. 50

TRADUCTIONS

1907. Cameron (Frank K.) et James M. Bell. — **Les constituants minéraux des solutions des sols,** traduit par H. Fabre, licencié ès sciences, répétiteur de Chimie agricole à l'Ecole nationale d'agriculture de Montpellier. 1 broch. in-8. *(Sous presse)*.

1907. Withney (Milton). — **La fertilité des sols,** traduit par H. Fabre, licencié ès sciences, répétiteur de Chimie agricole à l'Ecole nationale d'agriculture de Montpellier. 1 broch. in-8. *(Sous presse)*.

www.ingramcontent.com/pod-product-compliance
Ingram Content Group UK Ltd.
Pitfield, Milton Keynes, MK11 3LW, UK
UKHW031927260826
14628UKWH00003B/1462

9 782329 127354